発達が気になる子の脳と体をそだてる感覚あそび

新手父母

圖解 **生活中的**

感覺統合遊戲

引導孩子大腦與身體成長的 **68** 個趣味活動

專業職能治療師 **鴨下賢一** ◎編著　**池田千紗・小玉武志・高橋知義** ◎著

林慧雯 ◎譯

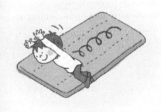

目　錄

1 施展大動作的感覺・運動遊戲

1-8-1
摸一摸、猜一猜
P.35

目　錄

1-43-2
鐵罐高蹺
P.105

剪刀、石頭、布

1-40-2
水中猜拳列車
P.99

② 運用指尖的感覺・運動遊戲

2-56-1
比賽拿彈珠
P.135

2-64-1
可以撕得多小呢？
P.151

目　錄

3 輔助遊戲的感覺與功能

1-1-1
人體翹翹板
P.21

透過遊戲
來培養身體感覺、改善行為表現

文／曾威舜

OFun 遊戲教育團隊職能治療師

　　遊戲是孩子成長的養份。在公園遊戲是孩子生活中非常重要的事，也是練習和探索各項能力的一個挑戰環境。陪伴孩子遊玩在各式特色公園的過程，您可能會遇到幾個狀況：孩子不敢碰觸沙坑？無法捏沙成形是不是手指動作不好？如何讓害怕的孩子開始盪鞦韆？我的孩子好像沒有力氣去攀爬？使用遊具設施要如何教導孩子等待和排隊？甚至在泳池玩水和洗澡的時候，發現孩子無法控制自己的身體？不喜歡臉上有水的感覺。

　　本書透過職能治療師的臨床經驗，由感覺觀點來切入，協助家長認識自己孩子的狀況、瞭解背後的原因，以及學習如何引導自己的孩子。每個生活中的狀況，作者會聚焦幾個最相關的感覺功能系統，以及補充相似的問題情境。每個情境更是補充 2 個遊戲，讓家長和孩子一起透過遊戲來培養身體感覺和改善行為表現。

　　作者特別說明什麼是「執行功能」？這個在大腦前額葉非常重要的功能，在孩子的生活自理與學習扮演相當重要的關鍵；也有詳細說明手部發展的各種型態，例如抓握、捏、和手腕的發展，以及和遊戲行為習習相關的各個感覺功能。

　　非常推薦給關心孩子生活行為表現的家長、早療人員、教育者以及新手父母。每個遊戲行為包含各種感覺要素和大腦認知與執行功能，相信透過這本書可以有更進一步的認識。

感覺好，做得好，學得更好！

文／柯冠伶
OFun 遊戲教育團隊職能治療師、
高雄長庚兒童心智科職能治療師

　　學齡前的孩子最大的學習方式便是探索以及遊戲，根據發展理論，從嬰兒開始隨著肌肉以及軀幹的穩定，孩子的動作也發展得更多元，探索能力的增加也促進認知理解能力的進步，除此之外孩子的自信心來源也與自己做不做得到息息相關。

　　對於幼兒園年齡的孩子，愈能掌握自己的感覺、動作技巧的孩子往往愈有自信，面對新的挑戰或是未知的活動也更能嘗試。反之，對於自己的動作有著不確定感的孩子通常比較小心翼翼，面對新挑戰時也需要較多的時間觀察適應。當孩子感覺好（舒適）時會做得更好，自信心建立後在學習上也能更主動！

　　在書中作者利用日常生活中常見的工具、玩具或是公園器材，選擇孩子最熟悉的媒介設計感覺統合遊戲。摒除掉難懂的專有名詞，使用孩子常見的狀況或是困難，進一步分析原因並且提供相關的遊戲方法。另外，在每一個狀況中，書中提供不同的指標或是評估方式，讓老師或是家長在家中也可以簡易的測試看看，更能了解孩子的情況。最後不論任何遊戲都有危險的地方，作者也十分細心的在每一篇遊戲中都提供注意事項，讓讀者在操作時更能掌握其中的方法。

　　讓孩子遵從天性，在遊戲中學習，在遊戲中成長，也在遊戲中建立起自我認同與自信心！讓我們創造出安全且具有挑戰的的環境，靈活運用身邊的工具，陪伴孩子探索成長。

活動、遊戲在家也能輕易上手！

文／陳怡潔
OFun 遊戲教育團隊職能治療師、
臺北榮總復健科職能治療師

　　會玩、能玩、有變化的玩，都是建立孩子穩定成長的關鍵要素。作者鴨下賢一先生的書，一直以來都是我很喜歡的讀物。在講座上或臨床上常會有家長問到，「玩什麼？怎麼玩？」家長都清楚孩子的狀況及需要練習的目標及方向，但卻對該如何「玩」不知道要如何引導？鴨下賢一先生的書總是我推薦給家長的最佳書籍。

　　書中把孩子會出現的狀況分類，並提供了多種可能影響的狀況及數種可以根據孩子喜好、能力去玩的活動，把「玩」輕鬆的融入日常生活，進而玩得更自然更好！！

　　書裡利用了平時生活中隨手可得的活動、可愛且簡單易懂的圖文解說、多樣及豐富的遊戲變化，讓活動／遊戲不再是遙不可及，讓爸爸媽媽也能輕易上手，陪著孩子邊玩邊成長。

幫助家長釐清原因，對症下藥

文／陳姿羽
OFun 遊戲教育團隊職能治療師、
趣游嬰幼兒親子共游團隊創辦

「感覺」幫助孩子認識世界，建立對新事物的認知。除了我們一般熟知的視、聽、味、嗅、觸五種感覺之外，其實還有前庭、本體以及各項感覺的整合功能來幫助孩子有能力應付不一樣的挑戰。一般來說，孩子可以在每一天的日常活動經驗中，自然習得各項感覺的整合能力，然而現今緊湊的生活型態加上大量 3C 產品的發展，讓許多孩子減少了探索的機會和時間、感覺經驗不足而導致各項發展上的問題。

很多時候我們只看得到孩子的外顯表現，卻不瞭解造成如此表現的根本原因，很容易誤會孩子是「不專心」或「調皮」而錯過練習的機會，本書作者為專業的職能治療師，以兒童發展的觀點結合感覺理論，列出孩子日常生活中可能出現的狀況，非常仔細地描述狀況背後可能的成因以及需要注意的重點，幫助家長釐清原因進而對症下藥。

了解原因之後，該如何幫助孩子累積感覺整合的經驗呢？除了鼓勵孩子在早期多執行家事、生活自理之外，設定每週固定的家庭時間，關掉 3C、陪伴孩子「玩」也是很好的方式。「玩」很簡單，但要如何「好玩」並能持續吸引孩子的注意、維持參與的動機總讓人傷透腦筋，作者很貼心在每個表現情境中都提供對應的活動點子，搭配精美的圖文，讓讀者能夠輕鬆幫助孩子在居家情境中練習，是一本理論與實作兼具、不可錯過的實用工具書。

做中玩，玩中學！

文／呂家馨　職能治療師

　　家長是孩子發展過程的第一個關鍵，了解孩子微妙的感覺背後帶有的發展意義，將會是父母在養育孩子過程中的課題。本書以感覺統合為基礎，提供數種生活中隨手可得的活動，而我也喜歡本書將訓練融入生活，引導父母帶著孩子協助完成家事，觀察孩子視知覺、觸覺等感覺功能，依孩子的興趣能力調整，增加孩子的動機，讓孩子做中玩，玩中學！

　　現在孩子易接觸智慧型產品，減少了許多運動機會。找個天氣好的日子，帶小孩出門走走吧！本書也提供許多戶外活動常見的狀況，如孩子容易跌倒？無法筆直跑步？害怕盪鞦韆？針對這些狀況，書中都有詳盡的解釋及具體教導家長如何引導。

　　人體的處理系統複雜且多樣，孩子在發展的過程中可能較為緩慢，然而，相信如作者所言：「孩子順利發展出身體概念，必須要能夠在無意識中靈活處理動作時皮膚、肌肉、關節感受到的感覺。」不管是運用小範圍的指尖操作，或大範圍全身跑跳，只要夠積極的練習，皆能找回發展的步調。

玩遊戲，
讓孩子順利發展身體概念

　　孩子要玩得更好、學得更快，必須憑藉著各種能力與感覺才辦得到。舉例來說，要在遊戲隧道內順暢爬行、不撞到周圍硬物，就必須擁有能彎曲身體的體力，以及維持身體平衡等保持基礎姿勢的力量。

　　在正確掌握自己身體大小及隧道空間的前提下，要如何在隧道中移動自己的身體才能順利進出隧道呢？這些都需要身體概念的發展、掌握自己與環境的關聯性，以及足夠讓身體順利活動的力量。

　　此外，要讓孩子順利發展出身體概念，必須要能夠在無意識中靈活處理動作時皮膚、肌肉、關節感受到的感覺。但要是孩子沒辦法靈活處理每一個不同的感覺，無論再怎麼活動身體，身體概念都無法獲得恰當的發展，這麼一來，玩遊戲就成了一件非常困難的任務。

　　孩子一旦沒辦法好好玩遊戲，就會陷入日常生活與學習等全面性的動作都辦不到的狀態。不僅如此，運動、抓握、捏、拿湯匙與筷子、閱讀、聽、說話、理解、人際關係等方面的發展都有各自的階段，而且彼此互有關連。

在小小的一個活動中，孩子遇到的困難就隱藏了各式各樣的因素。光是一個勁地努力反覆練習，只會讓孩子越來越排斥、感到越來越退卻而已，反而會讓更重要的自尊心發展受到不良影響。

　　在本書的前半部，我將站在運動與感覺等發展的角度，來說明孩子在遊戲時遇到困難的原因，並告訴大家在日常生活遇到困難時的應對方法。我認為，孩子與大人若能以享受遊戲的心情來解決眼前遇到的困難，也能培養出孩子願意主動挑戰不擅長事物的能力。後半部則會以簡單易懂的方式說明孩子的運動發展與各項感覺功能。此外，也會提到為什麼孩子無法按照順序採取行動，解釋其中根本的原因。

　　希望大家可以靈活運用這本書，讓所有孩子們的生活都變得更加豐富。

鴨下賢一

感覺與功能一覽表

在孩子的成長過程中，為達到日常生活中的自律行為及社會行為基礎，絕對不可或缺的功能，全都整理在下列表格中。

在感覺這一欄中列出的是掌握外界狀況所需的感覺與功能，而特殊感覺指的是在限定的環境中所感知的各方面感覺。相對而言，本體感覺則是無論在任何環境中都可以感受到的感覺。

感覺處理模式會依照每個人的感受，而在各自的行為中顯示出特徵。認知功能則針對認知發展方面相關的功能進行了分類。執行機能指的是在完成一件目標時，可以運用更有效率的方式完成的能力，以及與社會性有關的功能；運動則包含了在運動時所需的基礎能力與運用能力。

雖然這裡將感覺與功能依照不同項目分門別類，但其實每一項之間都有相當密切的關聯，並非各自獨立。若是孩子在某一項出現了問題，也許在其它方面也會顯現出特徵也不一定。

從 170 頁開始，我會一一說明下列每一項的內容。

	特殊感覺	本體感覺		
	視覺	皮膚感覺	深層感覺	內臟感覺
感覺	•視覺 •聽覺 •前庭覺 •味覺 •嗅覺	•觸覺・壓覺 •痛覺 •溫度感覺（冷・熱） •癢覺	•關節覺 （位置覺・運動覺） •震動覺 •深層痛覺 （肌肉・肌腱・關節・骨膜）	•臟器感覺 （餓・渴・想吐等） •內臟痛 （轉移痛）
感覺處理模式	•低感覺登錄　•感覺尋求　•感覺敏感　•感覺趨避			
認知功能	•運動計劃能力　•視知覺　•語言功能			
執行功能	有效率地解決問題的能力		控制情緒與行為的能力	
執行功能	•建立計畫　•釐清優先順序 •時間管理　•組織化 •動作記憶　•自我監控		•反應抑制　　•柔軟性 •開始解決問題　•維持注意力 •情緒抑制　　•耐心	
運動等	•肌力　•持久力　•平衡感　•大動作　•運動功能／協調運動 •精細動作　•雙手動作			

感覺與功能之間的相互關係

　　下列的圖表中，以長方形框表示每一個項目，並依照功能將每個項目分類在有底色的方形框中。遊戲種類則以虛線框表示，在虛線框範圍內包含的則是與該遊戲相關的感覺與功能。我將所有的遊戲分為三大類（施展大動作的遊戲、運用指尖的遊戲、有規則的遊戲），箭頭則顯示出每一個感覺與功能的關聯。

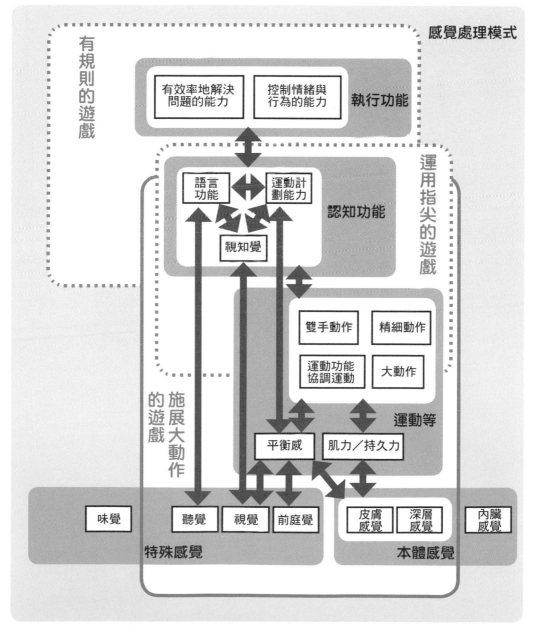

感覺分類

　　在此將孩子做不好的原因，分為 11 個與身體・腦部功能有關的細項。每一個感覺與身體・大腦功能的詳細說明，請參考第 3 章「玩遊戲所需的感覺與功能」的內容。本書將站在職能治療的觀點，詳細說明每一個項目的功用與發展。

好點子

　　針對孩子的每一個做不好的地方，都將個別介紹 2 個遊戲方法，讓孩子培養出感覺與身體・大腦功能，同時降低孩子的挫敗感。建議配合孩子的狀態與反應，花點心思適時調整難度，或是變換遊戲器材等，讓孩子玩得更好。

---

1 無法維持固定姿勢

　　一般而言，無法維持固定姿勢的孩子，通常支撐身體的肌力都並不發達；就算可以支撐住身體，也無法長時間維持同一個姿勢。「肌力」與「持久力」都是維持固定姿勢很重要的力量。維持姿勢供就是運動的基礎。

　　雖然大家可能會認為，站著的時候可能是因為雙腳距離不夠大，因此無法保持姿勢，但也有許多孩子是連坐著，也無法時維持使用雙手撐住左右兩邊，無法維持良好坐姿。這些孩子通常是因為無法從臀部獲得支撐的感覺，很敏感覺到無法維持穩定姿勢的支撐面的力量。

　　這樣的孩子在遇到爬樓梯、換衣服、穿鞋子等日常生活中常見的場景，可能也同樣會面臨困難。

其他場景的情形

☐ 在地板上可以不躺著，而以其他姿勢玩遊戲嗎？
☐ 撞到別人或物品時，可以保持平衡不跌倒嗎？
☐ 在玩遊戲時會害怕嗎？
☐ 可以拿取、接要會物嗎？

　　無法維持固定姿勢的孩子，遇到突然有人或物品從旁邊撞擊過來的時候，通常都無法承受撞擊的力道。就算只是小小的衝擊，也會令孩子站立不穩或跌倒。此外，無法維持固定姿勢表示沒辦法發揮身體的全力，因此也會搬不動重物。這樣的孩子平常就很容易扭曲身扭去，姿勢不佳，自然常在嬰兒時期也幾乎不太爬行。嬰兒時期的爬行與穩定身體核心、姿勢穩定也有很大的關聯。

花點心思玩遊戲 & 培養身體感覺的好點子

　　讓孩子多玩能大量運用到身體的遊戲吧！當然利用公園的遊具也無妨，不過對有些孩子的身體不夠穩定，坐上會搖晃的遊具可能會感到很害怕（詳見 P40）。

　　剛開始請先從跑步、跳躍等動作開始練習。若是孩子本身不喜歡運動，大人可以抱著孩子搖晃或是一起坐盪鞦韆，先別讓孩子自己一個人玩，有大人陪伴可以增加孩子愉快玩的經驗，帶來正向的鼓勵。

　　在家裡則可以在地板上躺著滾來滾去玩遊戲，或是騎在大人的背上假裝在玩騎馬。這些遊戲都可以鍛鍊到讓身體打直的力量。

1 人體翹翹板

　　若是孩子無法維持固定姿勢，應該不會喜歡乘會搖晃的遊具，或待在不穩的地方。

　　首先，可以讓孩子與大人一起坐在室內，互相牽手將對方往自己的方向拉動，玩人體翹翹板遊戲。

2 模仿動物

　　讓自己變身為動物吧！請很自然而然就會擺出爬行的姿勢了。讓孩子維持四腳朝地的姿勢，爬到桌子下方或鑽進裡裡假裝找食物等，想像動物在生活會遇到的各種場景，這樣一來就能讓孩子做出各種姿勢，培養肌力。建議可以讓孩子慢慢練習進階的動作。

注意

　　對身體姿勢歪七扭八、東倒西歪的孩子而言，就算對他說：「柔軟好」、「不要亂動」，孩子也辦不到。不如在確保安全的前提下，讓孩子愉快地體驗玩遊戲的樂趣吧！

身體遊戲

13

其他場景的情形

　　不只是在遊戲場景，也請確認看看孩子在日常生活是否也出現了類似的情形？下方也附有詳細的說明。

　　若是在日常生活中也有類似的情形發生，請仔細閱讀下方關於孩子做不好的原因、遊戲與孩子行為的關連等詳細說明。

注意！

　　列出了在遊戲時應保護孩子安全的注意事項、以及能讓孩子更享受遊戲的小建議。

1

施展大動作的
感覺‧運動遊戲

所謂的大動作運動（必須大幅度使用身體的遊戲），就是必須確實使用到手腳、大幅度使用身體，讓支撐身體的體幹變得更強壯的遊戲。

在本章中，將從跑步等基本動作開始，到需要同時使用多種動作與協調性的舞蹈等，詳細介紹 17 種大動作遊戲。

在每一項遊戲中也分析了孩子可能會做不好的地方，並解說觀察孩子動作的重點，分門別類介紹能培養出感覺與功能的各種大動作遊戲。

1 無法維持固定姿勢

| 相關的
感覺‧功能 | 視覺 | 聽覺 | **前庭
覺** | 嗅覺 | 皮膚
感覺 | **深層
感覺** | 運動
計劃 | **運動
等** | 視知
覺 | 語言
功能 | 執行
功能 |

　　一般而言，無法維持固定姿勢的孩子，通常支撐身體的肌力都並不發達；就算可以支撐住身體，也無法長時間維持同一個姿勢。「肌力」與「持久力」都是維持固定姿勢很重要的力量，維持姿勢就是運動的基礎。

　　雖然大家可能會認為，站著的時候可能是因為雙腳距離不夠大，因此無法保持穩定，但也有許多孩子是連坐著，也很快就需要使用雙手撐住左右兩邊，無法維持良好坐姿。這些孩子通常是因為無法從臀部獲得支撐的感覺，也就是說，很難感覺到能維持穩定姿勢的支撐面的力量。

　　這樣的孩子在遇到爬樓梯、換衣服、穿鞋子等日常生活中常見的場景，可能也同樣會面臨困難。

其他場景的情形

☐ 在地板上可以不躺著，而以其他姿勢玩遊戲嗎？
☐ 撞到別人或物品時，可以保持平衡不跌倒嗎？
☐ 在玩遊戲時會受傷嗎？
☐ 可以拿取、按壓重物嗎？

　　無法維持固定姿勢的孩子，遇到突然有人或物品從旁邊撞擊過來的時候，通常都無法承受撞擊的力道。就算只是小小的衝擊，也會令孩子站立不穩或跌倒。此外，無法維持固定姿勢就表示沒辦法發揮身體的全力，因此也會搬不動重物。這樣的孩子平常就很容易扭來扭去、姿勢不佳，且通常在嬰兒時期也幾乎不太爬行。嬰兒時期的爬行與穩定身體核心、姿勢穩定度也有很大的關聯。

花點心思玩遊戲 & 培養身體感覺的好點子

　　讓孩子多玩些能大量使用到身體的遊戲吧！雖然利用公園的遊具也無妨，不過有些孩子的身體不夠穩定，坐上會搖晃的遊具可能會感到很害怕（詳見P48）。

　　剛開始請先從跑步、跳躍等動作開始練習。若是孩子本身不喜歡運動，大人可以抱著孩子搖晃或是一起坐盪鞦韆，先別讓孩子自己一個人玩，有大人陪伴可以增加孩子愉快玩樂的經驗，帶來正向的鼓勵。

　　在家裡則可以在地板躺著滾來滾去玩遊戲，或是騎在大人的背上假裝在玩騎馬，這些遊戲都可以鍛鍊到讓身體打直的力量。

① 人體翹翹板

　　若是孩子無法維持固定姿勢，應該不會喜歡搭乘會搖晃的遊具，或待在不穩的地方。

　　首先，可以讓孩子與大人一起坐在室內，互相牽手將對方往自己的方向拉動，玩人體翹翹板遊戲。

② 模仿動物

　　讓自己變身為動物吧！這樣自然而然就會擺出爬行的姿勢了。讓孩子維持四腳朝地的姿勢，爬到桌子下方或鑽進棉被裡假裝尋找食物等，想像動物在生活會遇到的各種場景，這麼一來就能讓孩子做出各種姿勢，培養肌力。建議可以讓孩子慢慢練習進階的動作。

汪汪

　　重點 對身體姿勢歪七扭八、東倒西歪的孩子而言，就算對他說：「乖乖站好」、「不要亂動」，孩子也辦不到。不如在確保安全的前提下，讓孩子愉快地體驗玩遊戲的樂趣吧！

2 老是動來動去、無法維持同一姿勢

相關的 感覺·功能	視覺	聽覺	**前庭覺**	嗅覺	皮膚 感覺	**深層 感覺**	運動 計劃	運動 等	視知 覺	語言 功能	執行 功能

老是動來動去的孩子，由於身體接受感覺的能力較弱，因此有些孩子會喜歡晃動身體、搖來搖去，這是因為身體關節在追求動作刺激的緣故，但在做自己喜歡的事情時，還是可以保持固定的姿勢不動。

若孩子在座位上或隊伍中會不停動來動去的話，可能是因為沒辦法從臀部與腳底感受到重心，因此無法維持良好姿勢；孩子必須一直對身體輸入不同的感覺，所以才會一直動來動去。

要讓身體保持良好姿勢，必須擁有充足的肌力、持久力，以及接受感覺的能力才行。

其他場景的情形

☐ 除了在高處及不穩的地方外，孩子喜歡玩其他遊戲嗎？
☐ 當孩子在做喜歡的事情時，可以保持固定不動嗎？
☐ 外出購物時，孩子曾經迷路嗎？
☐ 會玩人體推車的遊戲（詳見P59）嗎？

當身體不夠穩定時，通常會有一直動來動去的傾向。有些孩子是因為不明白身體的重心在哪裡，才會一直往左右兩側動來動去；也有些孩子是靠著動來動去才能維持平衡。

無法察覺出身體傾斜方向的孩子，會隨時隨地都在搖晃身體，可是儘管自己喜歡搖晃身體，卻不喜歡被別人搖晃，這在玩遊戲時是一大特徵。此外，這些孩子也可能無法持續集中注意力，沒辦法在一個場合中保持固定的姿勢。

花點心思玩遊戲 & 培養身體感覺的好點子

　　彈跳床與盪鞦韆等遊戲可以讓身體獲得穩定，自然而然就能維持固定姿勢不動。

　　另一方面，有些孩子雖然喜愛這種搖來搖去遊戲，但注意力卻無法持續集中、會一直動來動去，這時不妨讓孩子玩到滿意為止，因為在盡情玩過之後，才能讓心情更容易平靜下來。

　　有些喜愛活動的孩子，在面對摺紙、畫畫等遊戲時可能會出現無法長時間持續的情形。這時不妨給孩子筆或剪刀，或是不時讓孩子把畫好的畫拿去給其他大人看，在靜態活動中偶爾加入一些活動的元素，就能將孩子從事靜態活動的時間拉得更長。

❶ 一二三、木頭人！

　　無法長時間固定不動的孩子，不妨在遊戲中加入靜止的動作。遊戲中交錯參雜著動與靜 2 種動作，可以讓孩子集中精神玩遊戲，從中學習到控制身體的能力。

❷ 緩慢地盪鞦韆

　　當孩子在盪鞦韆時，不要一直以他本人喜歡的方式盪，而是要一下子高、一下子低，偶爾變換速度與方向等，讓孩子體驗到各式各樣盪鞦韆的變化。不要只是體驗強烈的刺激，而讓孩子也能注意到小小的刺激並樂在其中的話，玩遊戲的方式也會產生些許改變。

重點 喜歡搖晃身體、動來動去的孩子，可以多玩一些盪鞦韆或溜滑梯等可以刺激前庭覺與深層感覺的遊具，或是與大人一起玩必須使用身體互動的遊戲。孩子對於感覺的需求獲得滿足後，自然就會變得比較穩定了。

3 容易跌倒

| 相關的
感覺・功能 | 視覺 | 聽覺 | 前庭
覺 | 嗅覺 | 皮膚
感覺 | 深層
感覺 | 運動
計劃 | 運動
等 | 視知
覺 | 語言
功能 | 執行
功能 |

　　一般來說，跌倒通常是因為站立不穩，或是腳部絆到東西造成。而跌倒時，最重要的就是孩子是否能保持平衡，為了讓身體保持平衡，腳踝與髖關節就必須要能維持穩定不搖晃。

　　容易因為腳部絆到東西而跌倒的孩子，一般認為是因為身體中軸不穩定的關係。而容易絆倒也是因為沒有注意到掉在地上的物品，或是即使想要閃避但雙腳卻沒辦法如預期中地順利抬起，也有可能是沒辦法確實掌握地上的東西到底在哪裡。若是孩子有遇到上述這些困難，就很有可能會跌倒。

　　其他場景的情形

☐ 可以反覆蹲下、站立嗎？
☐ 會玩跳格子遊戲嗎？
☐ 會玩溜滑梯與盪鞦韆嗎？
☐ 會收拾物品嗎？

　　若希望孩子好好走路、不跌倒，首先就一定要能夠穩定站立才行。當身體姿勢穩定時，走路才不容易跌倒。此外，當人先蹲下再站起來的時候，也很需要雙腿的力量與維持平衡感的能力。

　　如果是不容易察覺到地上有物品的孩子，也可能不擅長收拾東西。而不太會看東西的孩子，則必須花一段時間才能找到物品的正確位置。

花點心思玩遊戲＆
培養身體感覺的好點子

如果孩子不太會保持身體平衡的話，當他被別人搖晃或是玩速度會突然變快的遊具時，會感到非常害怕。以盪鞦韆為例，不妨鼓勵孩子可以自己控制搖晃速度與擺動範圍，降低孩子畏懼的心情。

而溜滑梯則要從坡度較為和緩的遊具開始玩起，讓孩子在身體不會整個倒下來的前提下，從溜滑梯上溜下來。此外，讓孩子嘗試玩彈跳床等跳躍類的遊戲也非常重要。若是孩子還不太會自己跳的話，可以牽著大人的手一起跳。在跳躍時，大人一定要用手確實支撐住孩子。

另一方面，清楚辨識物品的能力也很重要。建議可以讓孩子在許多物品中或是圖畫中，練習找出自己最喜歡的玩具，或是最喜愛的動漫角色，訓練孩子能在許多物品中找出一項物品的能力。

❶ 推手相撲

這個練習能讓孩子的身體變穩定，訓練身體保持平衡。

一開始先設定一個較大的範圍，規定身體不可以超過範圍，接著再慢慢將範圍縮小。可以利用平台等物品墊在腳下，再漸漸增加難度。

❷ 走在抱枕上

可以讓孩子在抱枕等柔軟的物品上練習走路，棉被也可以。

這麼一來就算跌倒了也不會痛，可以讓孩子練習走快一點，或是跳著走也不錯。

 重點 容易站立不穩、跌倒的孩子，若是玩那種會晃來晃去的遊戲很容易受傷。為了讓孩子玩得更安全，請把家裡容易跌倒的地點收拾乾淨。

4 跌倒時雙手不會協助平衡

| 相關的
感覺・功能 | 視覺 | 聽覺 | **前庭
覺** | 嗅覺 | 皮膚
感覺 | **深層
感覺** | 運動
計劃 | **運動
等** | 視知
覺 | 語言
功能 | 執行
功能 |

若是在跌倒時，雙手沒有伸出來協助平衡的話，不僅很容易撞到臉部與頭部，也可能會造成重大傷勢，因此非常危險。而雙手沒有伸出來的原因，一般認為應該是因為雙手無法確實支撐住身體，或是孩子難以察覺身體傾斜，無法突然在短時間內伸出雙手的緣故。

此外，也有可能是因為身體不擅長進行瞬間動作。

在跌倒時雙手是否能支撐住身體，跟小時候有沒有充分練習爬行也有關聯。為了讓孩子在跌倒時不要受傷，應盡快讓孩子熟悉身體的使用方式，發展出迅速活動手腳的能力才行。

其他場景的情形

☐ 可以藉由爬行的姿勢確實移動位置嗎？

☐ 可以拿取、按壓重物嗎？

☐ 當球突然飛過來的時候，孩子可以用手保護身體、或是閃避開來嗎？

☐ 突然撞到別人的時候，孩子可以保持姿勢不跌倒嗎？

讓孩子以爬行的方式繞房間 4、5 圈，過程中觀察孩子的膝蓋是否會漸漸變彎曲、頭部是否會往下垂。

在日常生活中，若突然有球飛過來的時候，孩子能否閃避呢？就算無法閃避，孩子會用雙手保護身體嗎？撞到別人的時候是否能恢復原本的姿勢呢？這些都是很重要的觀察重點。先確認孩子的身體是否能確實保持平衡，再讓孩子及早察覺到身體傾斜，能主動恢復原本的姿勢，這點非常重要。

花點心思玩遊戲 &
培養身體感覺的好點子

　　把重點放在用手支撐身體的遊戲吧！可以讓孩子利用爬行的姿勢來玩鬼抓人或紅綠燈等，把平常經常玩的遊戲變成爬行版本來練習。

　　如果是不擅長突然做出動作的孩子，可以讓孩子先對著緩慢移動的目標，配合時機做出動作，從比較簡單的開始練習。

　　此外，為了讓孩子能察覺到身體傾斜，可以讓孩子練習將身體轉向各種方向的動作。例如大人先呈大字型仰躺，再彎曲雙腳，以雙腳支撐住孩子的腹部，讓孩子模仿飛機的姿勢，就能體會到轉動身體的感覺。

　　這個遊戲不僅可以讓孩子的身體往各種角度傾斜，讓孩子的視線有所變化，而且也因為身體必須保持直向，更容易察覺到身體方向的變化。玩這個遊戲時，重點是要讓孩子的雙腳與身體維持伸直喔！

❶ 在棉被上滾來滾去

　　在毛毯或坐墊上舉辦滾來滾去大賽吧！

　　讓孩子藉由來回轉動身體的感覺，以及配合軟墊範圍滾動的經驗，意識到身體的方向與位置。

❷ 從山下跳下來

　　利用地墊做出小山與大山。從大山往小山跳躍時，就能自然而然伸出雙手想要扶著小山，這麼一來就能練習到伸出雙手維持姿勢的動作了。

 重點 若是在跌倒時雙手不會伸出來，在日常生活中就會伴隨著許多危險。父母在旁邊出聲提醒孩子「伸手扶好」也很重要，不過有時孩子還是無法順利伸出雙手。要是故意推倒孩子、讓孩子練習跌倒是非常危險的舉動，千萬要留意。

5 腳步搖搖晃晃

| 相關的
感覺·功能 | 視覺 | 聽覺 | **前庭
覺** | 嗅覺 | 皮膚
感覺 | **深層
感覺** | 運動
計劃 | **運動
等** | 視知
覺 | 語言
功能 | 執行
功能 |

走路或跑步時，腳步顯得搖搖晃晃的孩子，可能是因為不擅長確實讓雙腳往進行方向前進的緣故。要是在跑步時，沒辦法確實提起大腿，雙腳就會在後方絆住自己。

若是身體容易左右搖晃的話，也會導致腳步不穩。

此外，了解左右兩腳如何動作的感覺也很重要。如何讓雙腳協調動作，以及穩定身體中軸，是走路搖晃的孩子最重要的課題。

其他場景的情形

☐ 當孩子跳躍時，雙腳會在同樣的高度上嗎？
☐ 從較高處跳下來時，會跌倒或不穩嗎？
☐ 可以順利爬樓梯嗎？
☐ 可以站著穿鞋子嗎？

若孩子無法兩腳一起跳躍的話，可能是不太能掌握左右兩腳的位置，或是身體中軸不穩的關係，導致全身的平衡偏向某一腳。另外，兩腳著地時若會偏向哪一邊的話，可能就代表著另外一隻腳的支撐力量較弱。若能確實以單腳支撐住身體，就可以順暢地爬樓梯了。

站著穿鞋子時，由於必須靠單腳的力量維持平衡，再移動另一隻腳套進鞋子裡，因此站著穿鞋對孩子而言可能會是比較困難的動作。

花點心思玩遊戲 &
培養身體感覺的好點子

身體遊戲

一開始可以先練習把腳抬起來，以左腳或右腳來保持身體平衡。此時，需要跨出大步的遊戲就再適合也不過了。如果孩子能掌握節奏感的話，竹竿舞之類的遊戲應該也是不錯的選擇。

此外，在日常生活中的動作，最重要的是要保持身體穩定、不要跟著動作一起搖晃。像是在上下樓梯、站著穿脫褲子等時刻，目標就是希望孩子的身體不要隨著左右搖晃。

接下來，就要讓孩子練習將腳確實往前踏出去的動作。請孩子以比平時步伐更大的幅度，用大腿的力量跨出去吧！

跑步

❶ 越過小山

讓孩子把腳高高抬起、跨越過小山（製造一段高低落差）吧！將高度設定在大約膝蓋的高度，讓孩子練習跨過去。

不是小山也沒關係，可以利用繩子或橡皮筋讓孩子練習跨越，不過在練習時很有可能會跌倒，千萬要多留意。

❷ 踢中目標

透過把球踢向瞄準的目標物，可以讓孩子意識到雙腳動作的方向。

在玩這個遊戲時，可以替換球與目標物的大小，漸漸提高難度。

等到孩子可以做出流暢的腿部動作後，可以讓孩子練習用右腳踢中左側的目標物，像這樣讓孩子試著瞄準與腳部不同的方向，也是很好的練習。

玩沙、玩泥巴

吹泡泡

盪鞦韆

跳舞

 腳部搖搖晃晃很有可能造成跌倒、受傷，確實玩上述的遊戲不僅能讓孩子意識到腿部，也能實際感受到全身的動作。

6 雙手擺動範圍小、無法順暢擺動

相關的感覺‧功能 視覺 聽覺 前庭覺 嗅覺 **皮膚感覺** 深層感覺 運動計劃 **運動等** 視知覺 語言功能 執行功能

有些孩子在走路、跑步時，沒辦法順暢地擺動雙手，或是擺動範圍過小。在擺動雙手走路時，身體必須要保持挺直，而且手腳必須要交錯地連續動作。一旦身體不穩，孩子就連擺動雙手都會造成身體搖晃，所以擺動範圍才會縮小。此外，由於在走路時左右手腳的動作不同，有些孩子可能沒辦法順利做到。不僅如此，要是孩子無法掌握雙手動作的話，就算想要大幅度擺動，實際上可能連一點點擺動幅度都做不出來。

在各種協調性運動中，踏出腳步時都必須配合手部的擺動，而且還要能做出連續性的手腳動作才行。

> ### 其他場景的情形

☐ 可以單腳站立嗎？
☐ 可以單手從上方丟球嗎？
☐ 可以用雙手拿著大球丟出去嗎？
☐ 走路時不會盯著腳尖，而是可以確實看向前方走路嗎？

要好好擺動手腕，一定要先能保持身體穩定才做得到。當身體穩定了，雙手在丟球時自然也能確實擺動，將球穩穩丟出去。在丟球與單腳站立時，舉起手臂前要先能讓身體中軸保持穩定才行。

以雙手丟球時也是一樣，身體的穩定度也不能輸給手臂擺動的力量；以站姿大幅度擺動雙手，跟走路時擺動雙手的動作也很有關聯。有些孩子可能會因為害怕跌倒，而在身體施力過多，請讓孩子練習走路時不要只盯著腳尖，而是確實看向前方吧！

花點心思玩遊戲&
培養身體感覺的好點子

為了讓孩子感受到擺動雙手的感覺，建議玩必須大大擺動雙手的遊戲，像是跳舞或體操都可以。此外，在玩這些遊戲時其實並不只是擺動雙手而已，也可以讓身體中軸獲得穩定。

為了讓身體獲得穩定，建議不要光在平坦的路上玩，可以選擇腳底狀態較不穩的地方，例如在草地、碎石子地、泥土上走路，效果會更好。

平常也可以多讓孩子在公園玩溜滑梯與各種遊具，嘗試攀爬肋木架、坡度較平緩的攀爬梯，或是爬坡等動作都是很好的練習。

① 爬行競賽

在爬行時，要　邊意識到身體的穩定性與中軸，一邊使用手腳移動。

不妨以比賽的方式練習爬行，也可以鑽到桌子底下進行障礙賽，會更好玩喔！

② 揮舞緞帶

一開始先拿 50 公分左右的短緞帶，大幅度來回擺動，習慣後再增加緞帶長度，慢慢提高難度。除了前後揮舞之外，也可以練習用緞帶在空中寫 8 字型，或是朝左右兩邊大範圍揮舞緞帶等，讓孩子練習大範圍揮舞手臂的動作。

 重點 其實重要的並不是擺動雙手，而是要讓孩子能掌握身體概念、穩定身體中軸才是重點。所以玩遊戲時並不是只要能擺動到雙手就好了，而是要多試著玩能使用到全身的遊戲。

7 無法筆直地在跑道上跑步

相關的
感覺・功能 視覺 聽覺 前庭覺 嗅覺 皮膚感覺 深層感覺 運動計劃 運動等 視知覺 語言功能 執行功能

　　若孩子在跑道上都跑得歪歪斜斜，最重要的就是要提醒他跑步時要看前方，因為要是一直盯著腳尖、想要對準跑道的線，就會容易往左右兩邊飄移。

　　有些孩子也可能是因為太過在意跑道四周的東西，導致跑步時偏離了跑道。如果是還不善於掌握身體概念的孩子，也有可能根本就沒注意到自己已經偏離跑道了也說不定。

　　此外，跑步時若是因身體不穩而搖搖晃晃的話，通常是因為身體中軸並不穩定的關係，請參考「腳步搖搖晃晃（P28 ～ 29）」、「雙手擺動範圍小（P30 ～ 31）」等章節的說明。

其他場景的情形

☐ 在狹窄的地方走路時，可以不碰撞到其他物品嗎？
☐ 跌倒時，雙手會伸出來幫助平衡嗎？
☐ 跑步時可以不必確認雙腳動作嗎？
☐ 地面上物品很多時，可以保持走路平穩嗎？

　　容易碰撞到物品的孩子，可能是因為只光注意腳部周圍的路況，也可能不擅長注視物品。

　　因此，在範圍狹窄的跑道中跑步時，這樣的孩子就很容易緊盯著地上的線，不知不覺就離跑道線越來越近。另外，在跌倒時不會伸出雙手保持平衡的孩子，也會因為想要避免跌倒，而把注意力一直放在腳上，在跑步時緊盯著雙腳。

花點心思玩遊戲＆
培養身體感覺的好點子

首先，最重要的就是提醒孩子在跑步時眼睛要往前看。不妨讓孩子朝著大人的方向跑過來，或是在終點處設定一個目標，比較容易讓孩子的視線保持在前方。

練習的時候，與其將地板設置成與跑道一樣用左右兩條線區分開來，不如讓整條跑道都是同一種顏色，這樣比較容易讓孩子的視線保持在跑道上方。

此外，為了讓孩子更了解自己身體的大小及位置，在遊戲場遊玩或玩障礙物遊戲時，建議多讓孩子彎曲身體，多做一些必須躍過物品的運動也很不錯。

若能在物品繁雜的地方玩鬼抓人，孩子就必須一邊注意鬼的動靜、一邊在逃跑時保持身體平衡不跌倒，對於掌握身體與物品的相對位置也會很有幫助。

❶ 獨木橋

一開始先讓孩子走在一條粗粗的線上（大約 10 公分寬），等到孩子習慣走在線上之後，再慢慢減少線的寬度，讓孩子練習到最後可以不必看線就可以走得很直。

❷ 跨越梯子

在地面上畫出梯子的圖案，讓孩子練習跨過梯子走路、不可以踩到線。雖然一開始可能會緊盯著腳尖，不過只要等到孩子慢慢習慣雙腳的步伐大小及使用身體的感覺後，就能很順利地跨過梯子了，這麼一來視線也能慢慢習慣看向前方。

 重點　為了讓孩子的視線方向更明確，建議可以在前方設置一個目標物。目標並不是身體不超出地上的線，而是要先讓孩子真的學會掌握視線的方向，以及使用身體的感覺。

8 不喜歡觸摸泥沙

相關的
感覺・功能
視覺　聽覺　前庭覺　嗅覺　**皮膚感覺**　深層感覺　運動計劃　運動等　視知覺　**語言功能**　執行功能

光是讓孩子接觸泥沙，其實就是很棒的遊戲，孩子可以從中感受到雙手被泥沙包覆的感覺，以及沙子的溫度與重量等。

若是孩子不喜歡接觸泥沙，可以想見應該是孩子不喜歡泥沙的觸感，討厭泥沙跑進指甲縫裡也是原因之一，這跟玩黏土是一樣的。當沙子變成泥巴時，會從細細滑滑的觸感轉變為黏黏膩膩，還會黏在手上，這種觸感上的轉變也可能是造成孩子不喜歡接觸泥沙的原因。

此外，要是孩子不明白沙子到底是什麼東西，也可能讓他感到排斥。這樣的話不妨先口頭解釋沙子與泥巴到底是什麼，讓孩子明白之後也許就能降低排斥感。

其他場景的情形

☐ 可以走在草地或土地上嗎？
☐ 是否討厭衣服上某些特定的材質（毛線、褲頭的鬆緊帶）呢？
☐ 不管任何東西都想放進嘴裡嗎？
☐ 就算有點髒也能無動於衷嗎？

不喜歡接觸沙子的孩子，可能是在觸覺方面不太擅長，所以可能會有許多不敢觸碰的東西，或是不喜歡某些衣服的材質。

另外，有些孩子是因為不擅長用雙手確認物品的觸感，所以會放進口中來感受；也有些孩子會在淋浴時避免讓水淋到頸部，或是不喜歡毛髮觸碰到頸部的感覺。

花點心思玩遊戲&
培養身體感覺的好點子

一開始先讓孩子玩一些可以接觸到別的東西的遊戲吧！為了讓孩子慢慢增加願意觸摸的東西，先讓孩子盡情觸摸、充分確認過喜歡的東西非常重要。比起細細滑滑的沙子，也許黏土的接受度會比較高。

花點心思讓孩子願意觸摸也很重要，可以讓孩子利用鏟子等工具，將沙子裝進袋子裡，以間接的方式玩沙。此外，也可以把水倒進沙子裡，利用模具壓出造型，或是挖出洞穴等，配合孩子的步調慢慢開始玩沙。

只要孩子感覺到遊戲好玩，就會慢慢覺得接觸到沙了也無所謂了。

1 摸一摸、猜一猜

將彈珠、玻璃球等小東西放進袋子裡或碎紙片中，讓孩子摸一摸、猜一猜裡面是什麼。先從孩子可以接受的東西開始，讓孩子練習用指尖探索物品。

2 幫忙做家事

像是從洗衣機中拿出乾淨的衣服、捏漢堡肉、搓湯圓等，讓孩子在做家事的過程中獲得各式各樣的感覺。

若是孩子沒辦法直接觸摸的話，戴上手套幫忙也無妨。

如果能幫忙大人一起做家事，孩子也能從中體會到彷彿玩遊戲般的樂趣喔！

 了解孩子喜歡觸摸什麼東西、孩子摸了就能感到安心的東西是什麼？也非常重要。所以在玩遊戲時，大人也不能怕髒，要好好陪孩子一起玩才行。

35

9 捏不出完整的形狀

| 相關的
感覺・功能 | 視覺 | 聽覺 | 前庭覺 | 嗅覺 | **皮膚感覺** | **深層感覺** | 運動計劃 | **運動等** | 視知覺 | 語言功能 | **執行功能** |

　　有些孩子雖然可以直接把沙子形塑成山丘、挖出洞穴、用水沾濕挖出隧道、做出小圓球等，但是一不小心力道過猛就會整個崩塌。在玩泥沙時，雙手必須出力維持住手中的泥沙，但又不能太用力免得讓形塑好的形狀崩落，力道拿捏也是一道難題。

　　在挖掘洞穴或隧道時，必須在以指尖用力的同時挪動整條手臂；而雙手的形狀也必須配合想要形塑出的形狀而隨時改變才行。

　　此外，孩子也必須清楚了解自己想做的東西到底該怎麼做，因為要是沒辦法將心中想像的形狀做得很好，可能也會使孩子變得討厭玩泥砂。

其他場景的情形

☐ 大拇指可以按照順序一根根觸碰其他手指嗎？
☐ 在吃飯糰時，可以從頭到尾保持完整的形狀嗎？
☐ 指尖可以靈活地使用橡皮擦嗎？
☐ 可以用雙手掬水洗臉嗎？

　　首先最重要的就是要能確實活動每一根手指，若是孩子的每一根手指都可以靈活動作的話，就來確認看看手指的施力程度吧！如果孩子不太擅長以指尖施力，輕輕施力可能就會比較困難，在使用物品時總會不小心太過用力。這麼一來，需要用雙手抓握的食物就會容易變形，使用橡皮擦時也總是會把紙張擦破。

　　等到孩子可以自己用雙手掬水洗臉時，離成功捏出圓形就不遠了。

花點心思玩遊戲&
培養身體感覺的好點子

　　讓孩子多玩一些會使用到指尖的遊戲吧！有些孩子在指尖用力時，肩膀、手肘或頸部有時候也會跟著用力。

　　這是因為孩子不知道應該在哪個部位用力才對，就容易用靠近手指的部位施力。

　　遇到這種情況時，可以讓孩子練習用指尖按壓按鈕，或是試著把彈珠等物品壓進洞穴裡玩遊戲。

　　在收拾書本時，不妨讓孩子用手指拿著厚重書本的書脊，將書本收進書櫃裡，這樣也可以鍛練到手指的力量。

　　等到孩子做得到上述動作後，再讓孩子玩一些要需拿著輕巧物品的遊戲吧！

① 撕掉貼紙

　　讓孩子把貼在貼紙本或墊板上的貼紙撕掉吧！建議可以在貼紙下面藏著孩子喜歡的動漫角色圖案，這樣玩起來會更有樂趣。

　　而膠帶的黏性又比貼紙更強，想要提升難度時膠帶便是不錯的選擇。此外，貼紙的大小也可以隨著難度提升漸漸加大。

② 練習輕輕拿起來

　　開始為了讓孩子了解力道該如何拿捏，可以請孩子輕輕拿起一個大人事先做好的沙球，放在托盤裡練習走路，感覺就好像在扮演端著料理的服務生一樣，孩子會覺得十分有趣。接著再換孩子自己來做沙球，對於施力的掌握拿捏一定可以更加熟練。

重點 若是孩子無法掌握整體形狀的話，可以參考玩黏土（P114）的章節。倘若用雙手很難拿起沙子的話，也不必侷限於一定要用雙手，也可以使用工具，讓孩子多累積一些成功玩沙的經驗。

10 不太會使用工具

相關的
感覺‧功能   視覺   聽覺   前庭覺   嗅覺   **皮膚感覺**   **深層感覺**   **運動計劃**   **運動等**   視知覺   語言功能   執行功能

在玩沙時會需要使用到各式各樣的工具，例如用耙子或鏟子來挖掘洞穴、將沙子裝入模型裡塑形、利用勺子或桶子裝水等等，有時候也會用到竹篩來過濾沙子。要是孩子不太會使用耙子或鏟子的話，光靠雙手的力量不夠，排斥沙子的感覺可能又會變得更強烈。當孩子無法利用工具按照想要的方式捧起沙子時，就會覺得直接用手還比較輕鬆，反而變得不願意使用工具。

此外，上下靈活擺動手腕也是玩沙時經常出現的動作之一。要是當孩子在提水桶或拿勺子時總是把水灑到外面的話，就有可能是不太會穩穩地運用雙手。

若是沒辦法好好搖晃篩子的話，對孩子而言雙手的動作也許會是一道難關。

> ### 其他場景的情形

- ☐ 用餐時，餐點會潑灑到碗盤外嗎？
- ☐ 可以用湯匙挖堅硬的盒裝冰淇淋嗎？
- ☐ 用餐時可以好好拿著餐具吃飯嗎？
- ☐ 可以單手拿著裝有寶特瓶的袋子嗎？

拿著湯匙吃飯的動作，其實跟在沙堆裡拿鏟子的動作相當類似，差別在於玩沙時更需要力氣。要是當孩子還處於在用雙手吃飯的階段，要拿工具玩沙會比較困難。

因此，一開始就先從在用餐時讓孩子練習拿湯匙或叉子吃飯吧！另外，若是孩子能做到搬運較重、較大的物品的話，在提著裝了水的桶子、或利用勺子接水時就比較不會潑灑出來了。

花點心思玩遊戲 &
培養身體感覺的好點子

　　為了讓孩子順利使用玩沙工具，可以先引導孩子多玩一些會使用到雙手的遊戲。不過，不只是要用到指尖而已，在遊戲中要用到整隻手臂才是關鍵。不妨讓孩子練習攪拌水，或是在大張的圖畫紙上畫畫也不錯。

　　等到孩子習慣使用雙手後，再慢慢增加一些會使用到工具的活動。除了玩沙之外，其實也有很多遊戲會使用到工具。

　　此外，比起大型工具，其實小巧的工具會比較容易拿，因此也要考量到工具的大小才行。

❶ 撈彈珠

　　先使用孩子不排斥的物品練習，可以讓孩子慢慢習慣使用工具。讓孩子練習將米、豆子、彈珠等物品，放進小鍋子等開口較大的容器中，或是使用湯杓將彈珠等移到手上拿著的碗裡。

　　一開始練習時，比起專注於不灑出碗外，更重要的是要能做到撈的動作。在提升難度時，可以將小鍋子換成大碗或湯碗，慢慢替換成越來越小的容器（須注意安全）。

❷ 攪拌泡澡水

　　以雙手攪拌泡澡水的動作，可以讓孩子練習到如何柔軟地運用手腕與手臂。

　　當孩子攪拌泡澡水已經不成問題時，可以再練習攪拌裝在桶子裡的水，逐漸換成較小的容器，就能讓孩子練習到更細微的手部動作。

重點 因為沙子本身就有點重量，在使用工具時身體一定要很穩才行。在玩沙時可以讓孩子坐在沙坑邊緣的台階上或椅子，免得孩子蹲在沙坑裡身體搖搖晃晃，反而會妨礙玩沙。

11 不太會使用吸管

| 相關的
感覺‧功能 | 視覺 | 聽覺 | 前庭
覺 | 嗅覺 | 皮膚
感覺 | 深層
感覺 | 運動
計劃 | 運動
等 | 視知
覺 | 語言
功能 | 執行
功能 |

若是孩子的嘴唇吸不住吸管，可能有下列幾項原因。

第一個是嘴部功能的發展還不成熟，對孩子而言要縮小嘴唇開口是一件有難度的事，容易以牙齒嚙咬住吸管。

若孩子是因為不喜歡奇怪的東西碰到嘴唇的感覺，也許會特別討厭某些材質的吸管也說不定。

另外，也有些孩子是因為不太會配合吸管硬度控制嘴唇的力道，當這樣的孩子想要用力吹氣時，反而會用牙齒咬住吸管導致失敗。

其他場景的情形

☐ 可以吸得住圓柱形冰棒嗎？
☐ 可以牢牢緊閉雙唇，口水不會漏出來嗎？
☐ 可以用杯子好好喝水嗎？
☐ 會嚙咬筷子或湯匙嗎？

當孩子在享用圓柱形冰棒時，是否可以不用舔的，而是用嘴唇配合冰棒的形狀吸住冰棒呢？因為冰棒比吸管更硬、更容易吸住，要是冰棒也吸不住的話，那麼吸管就會更困難了。

若是孩子不喜歡堅硬的食物或粗糙顆粒的感覺，也會出現偏食的傾向。要是孩子的嘴巴沒有時時緊閉，可能會導致無法吞嚥口水，或是不擅長品嘗糖果或牛奶糖等需要含在嘴裡的零食。這樣的孩子在用杯子喝水時，也經常會潑灑得到處都是。最後，若是不擅長掌握筷子與湯匙含在嘴裡的感覺，就會一不小心太過用力，導致嚙咬筷子或湯匙了。

花點心思玩遊戲&
培養身體感覺的好點子

　　首先，最重要的就是要讓孩子學會縮小嘴唇的開口，再懂得如何調整力道，以及不要太用力吹氣。

　　雖然也必須讓孩子學會確實咬住堅硬的東西，不過更重要的是要讓孩子懂得如何用嘴巴銜住柔軟的東西，用嘴唇感受東西的硬度；同時也要注意別讓孩子用牙齒咬住吸管。為了讓孩子學會好好使用吸管，最重要的就是確實練習嘴唇的動作，而不是用牙齒嚙咬。

❶　練習做出各種嘴型

　　由大人先做出各種嘴型示範給孩子看，像是大大張開嘴巴、嘴巴往旁邊咧開、故意露出牙齒等，讓孩子試著模仿各種嘴型。

　　此外，也可以閉著嘴巴在嘴裡吐氣讓臉頰鼓起來，或是從嘴巴裡伸出舌頭等動作也不錯。

❷　玩吹笛

　　在熱鬧的祭典中有時會販售吹笛，不妨讓孩子利用吹笛反覆練習吐氣。不漏氣的訣竅就在於要牢牢含住吹笛。

　　要是孩子在吹氣時會漏出來的話，就使用口徑稍微粗一點的吹笛吧！

　　重點　萬一孩子還是沒辦法好好掌握嘴唇動作的話，就先讓孩子大大張開嘴巴大聲說話，或是在浴室中將泡沫用力吹到空氣裡，利用聽得見或看得見的遊戲，讓孩子慢慢練習學會使用嘴唇。

12 無法調整吹氣的量

相關的
感覺‧功能

視覺　聽覺　前庭覺　嗅覺　**皮膚感覺**　**深層感覺**　**運動計劃**　運動等　視知覺　語言功能　執行功能

　　在吹泡泡時，要是太用力吹氣，泡泡很快就會破掉；而要是吹得太輕，泡泡又會飛不起來。

　　而且吹氣的強度又必須保持一致，因此最重要的就是要懂得如何調整吹氣的力道。最好要能讓孩子學會調整吹氣力道，同時又保持一致的強度。吹氣的量也必須好好控制，因為吹得太少泡泡會飛不起來。

　　由於肉眼無法直接看見自己吹出來的氣，因此孩子其實並不容易了解自己究竟有沒有吹好，所以才會有時候吹太用力、有時候又吹得太輕。

其他場景的情形

☐ 在吹笛子時，可以調整聲音強弱、輕輕吹嗎？
☐ 可以深呼吸嗎？
☐ 可以縮緊雙唇，讓嘴唇開口變小嗎？
☐ 可以閉起嘴巴，只用鼻子呼吸嗎？

　　直笛是一種只要用力吹氣就可以吹出聲音的樂器，因此很容易就可以聽出來吹得好不好。要是沒辦法吐出長長的氣，就無法吹出泡泡。另一方面，嘴巴也必須縮小開口，才能吹出氣來。若是用牙齒咬住固定吸管的話，氣就會往旁邊漏出去。要是孩子已經非常努力吹氣，還是無法吹出泡泡的話，也有可能是棄從鼻子漏出去了；這時可以捏住孩子的鼻子，確認看看孩子是否可以只用嘴巴呼吸。

花點心思玩遊戲 & 培養身體感覺的好點子

用嘴巴吹氣時會吹出空氣，不過由於肉眼看不見空氣，因此可以讓孩子多練習透過吹氣使物品移動的遊戲，用眼睛確認空氣的流動。

吹氣的力道也很重要。讓孩子玩需要調整吹氣量的遊戲，練習掌控吹氣力道，在吹泡泡時才不易吹破。

等到孩子可以吹出長長的一口氣，再配合吹氣力道替換吸管的粗細，提升遊戲的難度。

若是孩子吹氣總是太用力，就提換成較粗的吸管；若孩子總是吹得太輕，則可以改用較細的吸管。此外，若孩子習慣在吸著吸管時直接吸氣吐氣，則可以用手邊現有的器具，開始練習吹泡泡。

❶ 乒乓球競賽

用吹氣的方式滾動乒乓球吧！為了讓孩子練習把氣吹得長一點，建議製作出一條細長的軌道，軌道上再挖幾個小洞，讓孩子練習用力吹氣，不要讓球卡進洞裡。像這樣花點心思讓孩子練習調整吹氣的力道。

❷ 帆船競賽

把好幾張大張的紙摺成L形，將紙張立在桌面，讓孩子試著吹氣移動紙張。要是孩子不太能掌握訣竅的話，可以在應吹氣瞄準的地方標示記號，或是塗上顏色等，讓孩子試著固定吹氣的方向。在前方設定一個終點，這麼一來孩子就必須嘗試調整吹氣的量，才能讓紙張抵達終點。

 重點 為了要讓孩子聽得懂「輕輕吹」是什麼意思，必須先讓孩子了解吹氣強弱的概念。平時就可以從旁提醒孩子：輕一點、小力一點，讓孩子了解這些話的意思。

13 無法輕輕拿著吸管

| 相關的
感覺‧功能 | 視覺 | 聽覺 | 前庭
覺 | 嗅覺 | **皮膚
感覺** | **深層
感覺** | 運動
計劃 | **運動
等** | 視知
覺 | 語言
功能 | 執行
功能 |

不太會拿吸管的孩子，可能是因為吸管太細導致無法好好抓住，或是不太擅長用指尖捏住物品。

有些孩子也會因為不想要碰到泡泡水，基於討厭黏膩的感覺而拿不好吸管。

不過，吹泡泡時一定要用手拿著吸管才能吹，要沾取泡泡水時也必須拿著吸管對準容器開口才形，所以關鍵就在於要讓孩子學會靈活地運用指尖。

其他場景的情形

- □ 可以用大拇指及食指捏住飯粒嗎？
- □ 可以把錢投入存錢筒嗎？
- □ 可以用大拇指與食指拿著洗衣夾，並直接施力壓開夾子嗎？
- □ 可以心平氣和地接觸黏黏滑滑的東西嗎？

若是孩子不太擅長使用指尖的話，可能會比較傾向用大拇指與食指的側面來捏取物品，讓孩子學會運用指尖非常重要。

必須調整位置才能將東西放進小洞，或細小開口的動作也是關鍵。另外，由於泡泡水的觸感較為黏滑，有些孩子可能是因為不喜歡這種感覺所以才拿不好吸管。

花點心思玩遊戲&
培養身體感覺的好點子

不擅掌握指尖的感覺，也是無法拿好吸管的原因之一，因此可以透過玩沙、玩黏土，為孩子製造大量運用指尖的機會。

另外，也必須留意吸管的長度與粗細。要是吸管太短、太細，也會造成孩子沒辦法拿好吸管。

建議配合孩子的雙手大小，來選擇適合的吸管尺寸。

➊ 找出配對的圖案

建議讓孩子嘗試玩翻牌記憶遊戲，找出紙牌背後一樣的圖案後，利用指尖翻起紙牌。

要是紙牌太薄、放在地板上很難用指尖直接翻起來的話，可以在紙牌上黏上厚紙板，讓孩子比較容易翻牌。隨著孩子漸漸熟練，也可以改變紙牌的大小與厚度，提升難度。

➋ 動手做刺蝟

讓孩子練習使用牙籤，插進海綿與瓦楞紙等不同硬度的東西裡吧！

這個動作的關鍵在於，指尖必須一直捏住牙籤不可以鬆開，同時要稍微用力刺進海綿深處。

為了讓孩子練習輕輕戳，底下的基座盡量找柔軟、輕薄一點的會更好喔！

 重點 最重要的就是要讓孩子喜歡吹泡泡。要是孩子不太擅長運用指尖的話，就先拿大一點的容器來裝泡泡水吧！

14 一直盪個不停

相關的
感覺・功能 | 視覺 | 聽覺 | **前庭覺** | 嗅覺 | 皮膚感覺 | 深層感覺 | 運動計劃 | 運動等 | 視知覺 | **語言功能** | **執行功能**

　　盪鞦韆是一種可以享受到搖晃與加速感的遊具，越大力擺盪、刺激感就會越強。有些孩子會因為覺得搖搖晃晃與加速感太好玩了，想要一直盪個不停，這是因為前庭覺追求刺激的緣故，才會讓孩子如此樂在其中。

　　不過，孩子一直盪個不停的話，可能會忽視了其他在旁邊等待的孩子，就算察覺到有人在等，孩子也停不下來。

　　有些孩子即便大人已經出聲提醒了，還是自顧自地繼續玩，沒有要停下來的意思。這樣的孩子也許有自己玩得開心就無法注意周遭狀況的傾向。

其他場景的情形

☐ 可以自行停止玩車，或停止玩溜滑梯嗎？
☐ 有一段時間沒有活動身體的話，可以靜下心來嗎？
☐ 就算玩得很開心，還是能遵守規則嗎？
☐ 可以按照順序等待嗎？

　　喜歡搖搖晃晃的孩子，由於在溜滑梯與蹺蹺板上也可以獲得同樣的刺激，所以也會很喜歡玩這類的遊戲。此外，也會喜歡搭車，甚至常在家裡的床鋪或沙發上跳來跳去。

　　盪鞦韆這項遊具的特色是可以一個人玩較長的時間。因此重要的是必須讓孩子意識到其他在排隊的小孩，必須遵守遊戲規則、讓別人玩。由於這需要自制力，當孩子還小的話可能沒辦法很快做到。

花點心思玩遊戲&
培養身體感覺的好點子

營造出一個可以讓孩子充分享受搖晃快感的環境吧！用溜滑梯來取代盪鞦韆，或是玩需要跑來跑去的鬼抓人，都是不錯的選擇。對孩子而言，喜歡搖搖晃晃是一種表現自我的方式，不妨讓孩子盡情地玩搖來搖去的遊戲，再慢慢教導孩子遵守遊戲規則。

孩子一直玩個不停，其實是大人會感到比較困擾。為了讓孩子在玩到一定的程度後可以停下來，建議大人在孩子坐上盪鞦韆之前，以具體的方式提醒孩子：「玩 10 下就要下來囉！」、「有下一位小朋友要玩的話就結束囉！」事先與孩子做好約定。

1 各式各樣的鬼抓人

喜歡玩搖晃遊戲的孩子，通常也很喜歡跑來跑去。就連在玩鬼抓人的時候，比起追逐其他小朋友，其實這樣的孩子光是跑步就會覺得很好玩了。

建議可以給孩子一條繩子，讓他與其他小朋友一起抓住繩子跑步，讓他在玩遊戲的時候能意識到別的小朋友的存在。

2 泡澡時數數

跟孩子一起泡澡時，不妨跟孩子一起數數看泡澡的時間。只要在數數時才能浸泡在浴缸裡，讓孩子了解到「數完就結束了」，學會克制自己的心情，發展自制力。

 重點 對於想要一直盪個不停的孩子而言，要留意的是應該讓他玩個過癮；要是在還沒滿足的情況下就結束，只會讓他更執著於盪鞦韆。此外，也要避免單方面的命令小孩結束遊戲，應好好告訴孩子下一次什麼時候還能再玩。

15 害怕盪鞦韆

相關的 感覺‧功能	視覺	聽覺	前庭 覺	嗅覺	皮膚 感覺	深層 感覺	運動 計劃	運動 等	視知 覺	語言 功能	執行 功能

當鞦韆前後搖晃時，乘坐的木板會變得歪歪斜斜的。也就是說，當孩子在盪鞦韆時，就算身體配合搖晃的角度傾斜、並緊握鏈條，臀部還是必須維持出力維持平衡，才不會從鞦韆上摔落。如果是雙手沒辦法確實支撐身體的孩子，就會害怕盪鞦韆。此外，也有些孩子是害怕搖晃的感覺。

若是孩子的雙腳還踩不到地面，由於沒辦法靠自己控制盪鞦韆的速度及擺盪幅度，因此也可能會感到害怕。

另外，不只是擺盪可能會令孩子感到害怕，盪鞦韆會盪到很高的地方，也是令孩子畏懼的原因之一。

> **其他場景的情形**

☐ 可以吊單槓嗎？
☐ 喜歡「飛高高」的感覺嗎？
☐ 可以坐在腳踩不到地的椅子上嗎？
☐ 平常可以不害怕地爬到高處嗎？

　　除了搖晃本身是造成孩子害怕的因素之外，坐著的姿勢不穩也會令孩子感到畏懼。如果是會害怕不穩的孩子，應該也不太擅長吊單槓，因為不善於在空中維持穩定的姿勢，通常也都會避免「飛高高」的遊戲。

　　此外，孩子也有可能會對於腳踩不到地的地方感到害怕，在盪鞦韆時腳部會離開地面，這也可能會造成孩子的不安；也有些孩子是在搖晃幅度較大時，鞦韆飛得太高而感到害怕。

花點心思玩遊戲&
培養身體感覺的好點子

　　若孩子的身體還不太穩定的話，就先從小型盪鞦韆開始嘗試，讓孩子可以自己控制搖晃的強度。玩盪鞦韆時旁邊最好要有一位孩子信任的大人，一起幫忙牢牢扶著孩子，會讓孩子感到比較安心。

　　要是孩子還無法體驗搖晃樂趣的話，可以在鞦韆前面放一個小箱子，讓孩子用腳踢倒，設計出別的玩法。當孩子慢慢開始覺得好玩了，就可以把小箱子擺得稍微遠一點，這麼一來就能讓孩子自己主動想要以較大的幅度盪鞦韆了。

　　另外，若是孩子擔心雙腳踩不到地面的話，先讓孩子的臀部保持在牢牢接觸木板的狀態下，就能稍微降低一些不安的感覺。而要是孩子會害怕待在視線太高的地方，則可以讓孩子嘗試讓信任的大人背，或是坐在信任的大人的肩膀上，讓孩子慢慢習慣、進而可以嘗試玩盪鞦韆。

❶　一起搖來搖去

　　首先要讓孩子習慣搖搖晃晃的感覺。先讓孩子抓住大人的手，搖晃孩子的身體跟他玩吧！一開始可以以坐著的方式玩，接下來則可以嘗試站著，支撐的部位也可以慢慢減少。不要光是搖晃而已，不妨一邊唱歌、配合歌詞搖晃會更好玩喔！

要搭公車囉～

❷　滾來滾去的抱枕

　　找一個比較大的坐墊或抱枕，讓孩子坐在上面。一開始先讓孩子的雙腳著地坐在座墊或抱枕上，接著可以替換成材質比較軟的抱枕，或是坐在球上等，慢慢提升難度。高度越來越高後，就只能靠臀部來維持平衡了。

重點　不要一直持續到孩子產生反感為止，而是要在一開始就明確設下終點，告訴孩子：「數到 10 就結束囉！」若是能和信任的大人、或喜歡的朋友們一起玩，孩子對於搖晃的不安應該也會逐漸緩和。

49

16 光靠自己盪不起來

盪鞦韆時必須讓雙手雙腳都在正確的時間點出力、動作，而且光靠手跟腳的力量沒辦法營造出足夠的衝勁，所以還必須正確地使用全身的力量才行，尤其是確實發揮腹肌的力量最為關鍵。

不僅如此，為了配合搖晃個不停的鞦韆保持平衡，穩定的姿勢更是不可或缺。不擅長盪鞦韆的孩子，多半會為了在鞦韆上保持平衡而太過用力，或是無法掌握出力的時機，導致無法成功盪上去。

其他場景的情形

☐ 會做雙腳的伸展及彎曲動作嗎？
☐ 可以雙腳跳躍、再以雙腳著地嗎？
☐ 在吊單槓身體搖搖晃晃時，雙手依然能緊握單槓嗎？
☐ 可以配合號令再開始運動嗎？

站著彎曲、伸展膝蓋，跟盪鞦韆的動作很有關聯，讓孩子練習確實彎曲、伸展膝蓋非常重要。此外，由於盪鞦韆時需要以雙手雙腳同時配合擺盪，因此雙腳必須要能同時動作才行。當孩子可以順利同時讓雙腳動作一致時，就能順利盪鞦韆了。

另一方面，盪鞦韆時身體則必須靠雙手的力量支撐，因此吊單槓的練習也很重要。等到孩子可以順利吊上單槓後，再讓孩子練習在吊著的狀態下前後搖晃雙腳吧！

花點心思玩遊戲＆
培養身體感覺的好點子

多讓孩子練習會使用到全身的運動，以及必須靠雙手支撐的遊戲吧！彎曲、伸展膝蓋的動作，光是跑步、跳躍就很足夠了，不過在盪鞦韆時，則需要配合擺盪的幅度來彎曲、伸展膝蓋。

要是掌握不到時機，就算不停地彎曲、伸展膝蓋，還是無法讓鞦韆大幅度擺盪，擺盪的幅度只會越來越和緩而已。

為了避免這樣的失敗發生，大人可以在旁邊出聲提醒孩子出力的時機，讓孩子更能掌握擺盪的時間點。

此外，為了讓雙手能確實支撐住身體，平時可以多練習吊單槓、翹翹板等遊戲。

① 跳過繩子

讓孩子以雙腳跳躍的方式練習跳過繩子吧！繩子的距離可以越設越遠，或是越來越高，慢慢提升遊戲的難度。

② 在盪鞦韆時踢氣球

可以藉由在鞦韆前放一個寶特瓶或氣球作為踢蹬的目標，讓孩子學會用雙腳擺盪的動作。

不過，有時候孩子可能會為了想要踢得更遠，而只用慣用腳來踢，建議可以放兩種不同顏色的目標物在前方，讓孩子練習用雙腳來踢。

 重點 若是因為不擅長盪鞦韆，而總是依靠大人在背後推的話，這樣永遠也學不會盪鞦韆。就算一開始會不太穩，也要盡量在旁邊出聲提醒，教孩子擺動雙腳出力。

17 老是會鬆手

相關的
感覺·功能　視覺　聽覺　**前庭覺**　嗅覺　皮膚感覺　**深層感覺**　運動計劃　**運動等**　視知覺　**語言功能**　**執行功能**

在盪鞦韆時，雙手必須支撐住身體才不會摔下來。孩子容易鬆手的原因不外乎是對於危險的事物缺乏恐懼感、雙手支撐不住身體，或者是雙手的握力不夠，因此才會在盪鞦韆的過程中把手鬆開。

就算孩子平常可以握住堅硬的東西支撐身體，但鞦韆的鏈條會晃來晃去，沒辦法按照平常抓握的方式牢牢抓住鏈條。這可能是因為手裡握著的鏈條會隨著擺動方向移動，讓孩子不知道該往哪裡施力。。

此外，有些孩子可能是不喜歡鏈條冰冰涼涼的感覺，以及金屬的觸感；隨著孩子越盪越興奮，可能也會忘了要緊緊握住鏈條。

> **其他場景的情形**

☐ 了解從高處跳下來是一件很危險的事嗎？
☐ 可以牢牢握住遊戲場的鐵棒或單槓嗎？
☐ 會拔河嗎？
☐ 在生氣或哭泣時，能夠自己轉換心情嗎？

讓孩子認知到「一旦鬆開雙手會很危險」非常重要。不了解受傷危險性的孩子，平時可能會從比自己身高還高的地方跳下來，或是突然跑到馬路上。

若是不善於保持雙手姿勢、握力較弱，或是不喜歡金屬觸感的孩子，平常在遊樂場玩耍時應該也不喜歡握住鐵棒。此外，有些孩子會因為玩得太興奮了而鬆開雙手，平時情緒容易失控的孩子更要多留意才行。

花點心思玩遊戲＆
培養身體感覺的好點子

　　若是不喜歡接觸鐵鍊的孩子，可以在鏈條上纏一圈布，或是讓孩子戴上手套，這麼一來就能降低孩子的排斥感。一開始先讓孩子練習試著握住東西，例如塑膠積木或黏土等，讓孩子多多體驗各種材質的觸感。

　　同時也要指導孩子安全地玩其他遊具，留意各種遊戲的危險性。當孩子還小的時候可能會無法認知到危險，就算出聲提醒孩子，孩子也可能充耳不聞。因此一開始大人要跟孩子一起玩，讓孩子模仿大人安全的玩法；此外，也必須留意別讓孩子玩得太過興奮，以致忽略了安全性。

❶ 鬆鬆拉繩子

　　取一截繩子讓孩子用力拉住，大人則從另一側確實支撐。一開始可以在繩子上打結，讓孩子比較容易抓住繩子。

　　接下來，大人可以慢慢少出一點力，讓繩子變得鬆鬆晃晃的，提升遊戲的難度。

❷ 猴子吊單槓

　　讓孩子吊在大人的手臂上，像吊單槓一樣，此時輕輕搖晃手臂，若是在搖晃時孩子也能牢牢抓住手臂的話，可以再搖得更大力一點，或改成抓住身體其他部位，慢慢提升難度。

 重點 等到孩子能牢牢抓住鞦韆的鏈條後，再讓孩子玩盪鞦韆吧！因為安全是最重要的前提。近年來，鞦韆也分為很多種（把手並非鍊條、而是繩索，或是可多人乘坐的鞦韆），不妨都讓孩子試試看吧！

18 不會模仿動作

相關的 感覺・功能	視覺	聽覺	前庭覺	嗅覺	皮膚感覺	深層感覺	運動計劃	運動等	視知覺	語言功能	執行功能

若是孩子不會照著別人示範的動作跟著模仿，可能是因為孩子沒辦法隨心所欲舞動身體，這也許是因為孩子很難掌握自己的身體在什麼位置，深層感覺並不靈敏的關係。

此外，跳舞時同手同腳、只專注於盯著身體每個部位的動作、不擅長按照看過的動作來擺動身體等，都可能是孩子不會模仿的原因之一。

雖然都統稱為不會模仿動作，不過其實中間可能有很多原因，必須一一深究。

其他場景的情形

☐ 能夠跳躍嗎？
☐ 會模仿大人正在做的動作嗎？
☐ 可以找出兩張圖簡單的不同之處嗎？
☐ 換衣服時的動作流暢嗎？

若是孩子不擅模仿動作的話，不只是跳舞而已，在吊單槓或跳躍時可能也會遇到困難。也許孩子看了別人的動作，卻很難想像自己的動作，或是不知道應該要仔細看哪裡才好。

也有可能是因為視力不佳，或是無法同時掌握手的角度、腳的方向、身體的動作等，只好緊盯著手或腳等局部部位，因此造成模仿上的困難。若是深層感覺不靈敏的話，在換衣服時可能會動作很慢，或是在洗澡時會出現某些部位漏洗的狀況。

花點心思玩遊戲&
培養身體感覺的好點子

先用言語説明讓孩子了解手腳的動作，再跟孩子一起跳舞，確認孩子是否完全了解。要是用言語説明後依然很難做到的話，大人可以伸出手扶著孩子一起跳舞。在遊戲時也要一一説明每個動作，指示孩子該如何動作，讓孩子比較容易想像跳舞的動作。

跳舞或體操等活動，比起不斷反覆練習，藉由會使用到全身的遊戲了解自己的身體，更能掌握訣竅。一旦能掌握身體的動作，就能專注在眼前所看到的舞步，也更能察覺到左右身體位置不同等細節。

若是孩子不擅長看東西的話，可以先試著比對兩張圖有哪裡不同，從比對靜止不動的東西開始練習吧！

① 跟孩子一起動起來！

就算孩子不擅長自己跳舞，也可以透過跟大人一起練習的經驗，掌握雙手的位置、意識到雙腳的動作。建議與孩子一起在同一側戴上同樣顏色的手套，花點心思讓孩子更容易注意到手部的動作。

在舞蹈中加入一些機器人或動物的動作，會變得更好玩唷！

② 手腳並用

將繪有數字或圖案的卡片放在地上，下指令讓孩子把手與腳放在不同的卡片上。等到孩子會玩之後，再增加左手與右手等左右的指令，逐漸提升難度。

 重點 為了讓孩子確實看清楚動作，最重要的就是 1 對 1 進行，千萬不要讓孩子一次看太多人跳舞。舞步也不要一次做出連貫的動作，先從一個一個動作慢慢教起。

19 對不上節奏

　　無法配合節奏動作的孩子，可能是因為沒有認真聽音樂，或是就算聽了也沒辦法按照心意舞動身體，沒有辦法掌握自己身體的動作。

　　聆聽音樂與舞動身體的這 2 項任務必須同時進行，這可能也是會讓孩子感到困難的重要因素之一，在幫助孩子解決困難時，必須將每個原因分開來考慮才行。

♪ 一起拍拍手吧 ♪

啪啪 啪啪

啪啪

　　此外，身體可以跟著音樂節奏、卻沒辦法連結到下一個動作，對孩子而言可能也是一個難題。因為若是在連接每個動作時手忙腳亂，就會變得跟不上音樂節奏了。

其他場景的情形

☐ 呼喚孩子的名字時，孩子是否會回頭、有所回應呢？
☐ 告訴孩子 2 件以上的事情時，可以全部記住嗎？
☐ 可以配合音樂拍手嗎？
☐ 可以順暢模仿 2 個以上的動作嗎？

　　可以模仿舞蹈動作、卻對不上節奏的孩子，可能是因為沒有仔細聆聽音樂，或是沒辦法同時注意音樂與動作。此外，太全神貫注於動作上，也可能會導致配合不上節奏。

　　這種時候可以用較慢的節奏重播音樂，或是把動作改得簡單一點，按照樂句分成一段一段練習，慢慢修正吧！

花點心思玩遊戲&
培養身體感覺的好點子

　　一開始最重要的是要讓孩子會做正確的動作，做出正確動作後再仔細聆聽音樂。要是因為想要配合節奏而手忙腳亂，就會變得沒辦法好好聆聽音樂、也無法做出正確的動作。

　　先讓孩子一邊聆聽音樂，一邊做上下擺動身體的簡單動作就好。一開始的目標是讓孩子學會在活動身體的同時，邊聆聽音樂。

　　等到孩子能明確聽出節奏變化後，再慢慢增加動作，或是換成其他動作，要換動作時記得要先給孩子一個暗號。

　　大人可以先決定好暗號，例如把手高高舉起等，讓孩子更容易察覺到該換動作的時機。

① 這是什麼聲音？

　　播放 2 種不同的聲音，請孩子配合聲音做出 2 種動作來回應。舉例來說，聽到海浪聲時要波浪狀搖擺身體，聽到狗叫聲時則要四腳朝地，配合音樂來舞動身體。等到孩子習慣之後就可以將 2 種聲音之間的間隔縮短，或是增加成 3、4 種聲音與動作。

② 邊搖邊數

　　不只是音樂有節奏而已，自己的身體動作也有節奏必須掌握。當孩子盪鞦韆時就請他數數看自己盪了幾下吧！一開始先慢慢搖晃、練習數數，等孩子學會之後再盪得快一點試試看。

汪～汪
沙～沙

7

重點 若是為了讓孩子專心聆聽音樂而給孩子暗號的話，反而會讓孩子過於依賴暗號。最重要的目標是要讓孩子可以自己察覺出音樂的變化，必須花點心思讓孩子一看就知道，例如在歌詞上做記號，或是在需要拍手的地方塗上顏色等。

20 握不住、吊不住、支撐不住身體

| 相關的
感覺・功能 | 視覺 | 聽覺 | 前庭
覺 | 嗅覺 | 皮膚
感覺 | 深層
感覺 | 運動
計劃 | 運動
等 | 視知
覺 | 語言
功能 | 執行
功能 |

吊單槓最重要的就是要能牢牢握住單槓，一旦沒有握好，雙手很容易就會滑落，非常危險。

不僅如此，能長時間握住單槓的握力、持續支撐體重的臂力也都很重要。此外，如果單槓是孩子雙手可以觸碰到的高度，為了不讓雙腳接觸到地面，就更需要腹肌的力量來維持身體懸在空中。反之，若是雙手觸碰不到的高度，則必須靠跳躍來抓住單槓，此時手腳協調就顯得非常重要。如果是不擅長保持平衡的孩子，可能會因為雙腳懸在空中而感到害怕。

另一方面，如果孩子排斥握住單槓的話，可能是因為對於單槓的溫度比較敏感，或是不喜歡鐵臭味沾染到雙手。

其他場景的情形

☐ 握住單槓時會使用大拇指嗎？
☐ 會玩人體推車（註：孩子雙手著地，由大人抬起後腳前進）的遊戲嗎？
☐ 走路時雙手可以同時拿著物品嗎？
☐ 仰躺時身體可以縮成一團維持 10 秒以上嗎？

有些雙手會很快放開單槓的孩子，是以大拇指與食指平行的方式握住單槓，所以不容易施力。為了讓孩子牢牢握住單槓，必須指導孩子將大拇指與食指以反方向的方式握住單槓，才會更容易發揮整個手臂力量。

為了讓孩子學會吊單槓，平常可以讓孩子練習拿著較重的物品走路，或是玩人體推車的遊戲，訓練手臂的力量足以支撐住整個身體。此外，吊單槓時也很需要腹肌與背肌的力量。

溜滑梯

立體格子鐵架

平衡木

地板體操

跳箱子

花點心思玩遊戲&
培養身體感覺的好點子

　　除了吊單槓之外，也跟孩子一起玩一些可以訓練握力與支撐身體力量的遊戲吧！另外，也可以利用高度在孩子胸前的單槓，實際練習吊在單槓上，讓孩子逐漸習慣單槓。一開始大人可以幫忙支撐孩子的臀部到大腿內側，再漸漸放開，讓孩子感受到自己的重量。在吊單槓時可以鼓勵孩子數數看自己吊了幾秒，或是與其他小朋友一起比賽看誰吊得比較久，效果應該會很不錯。

　　在雙手握著單槓的狀態下，可以在前方放一顆球或一個目標物，讓孩子練習一邊吊單槓一邊把球踢出去，慢慢加進其他動作，這麼一來也能幫助孩子練習到跟前彎及向上旋轉有關的動作。

❶ 人體推車

　　光是做好人體推車的姿勢，就能鍛鍊到支撐身體的手臂力量。大人可以從抬著孩子的腰開始，慢慢換成抬膝蓋、腳踝等，逐漸改變位置，這樣一來就能調整孩子雙手需要支撐的重量。

❷ 毛毯雪橇

　　讓其他小朋友坐在毛毯上、或放置物品於毛毯，請孩子將毛毯往前拉，這個遊戲可以鍛鍊到握力與臂力。如果是請其他小朋友坐在毛毯上的話，記得讓孩子們輪流玩。如果是物品的話，則可以假裝自己是宅配人員在配送包裹喔！

重點 如果孩子會害怕雙腳懸浮於空中的感覺，或是因為觸覺敏感而排斥握住單槓的話，請不要勉強孩子一定要吊單槓。此外，若是孩子沒辦法好好握住單槓的話，很有可能會突然鬆手，請在地上鋪好軟墊，即使孩子摔下來也不會太痛，大人也要在旁邊隨時應變才行。

21 沒辦法前彎

相關的感覺・功能： 視覺 聽覺 **前庭覺** 嗅覺 皮膚感覺 **深層感覺** **運動計劃** **運動等** 視知覺 語言功能 執行功能

先讓孩子攀上單槓，做出彷彿燕子般的姿勢，此時需要手腳與身體協調配合的動作，以及支撐住身體的肌力。有些孩子可能會害怕雙腳懸空，或是頭部比平常位置更高的感覺。此外，有些孩子在做這個動作時膝蓋容易彎曲，這麼一來就沒辦法將身體往前倒；當腹部觸碰到單槓時也可能會感到疼痛，因而排斥單槓。

當孩子成功做出如燕子般的姿勢後，讓孩子將頭往前倒、同時彎曲膝蓋，讓整個身體呈現出圓弧形，此時必須做出連續的動作，才能成功做出前彎姿勢。有些孩子會因為臉部太接近地面感到害怕，而突然抽開雙手。做這個動作時要留意腹部不可以離開單槓，而且手臂要好好支撐住身體，從頭到尾都不可以放開雙手。因此關鍵就在於孩子的身體概念，以及是否能做出連續的運動。

其他場景的情形

☐ 能爬上高度在腰部到胸前的高台嗎？
☐ 背背或抱抱時，可以牢牢抓住大人的身體嗎？
☐ 可以做出伏地挺身的姿勢嗎？
☐ 可以在地墊上翻筋斗嗎？

要爬上高度在腰部到胸部的高台上，必須要先以雙手支撐自己的體重，再一躍而上，此時的關鍵在於手腳是否能協調地互相配合動作。若是手腳動作的時間點不一致，或是力道太弱，都無法成功攀上高台。

而單槓則需要足以擰乾抹布的握力與臂力，還有能做出伏地挺身姿勢的臂力、腹肌與背肌。在單槓上做前彎姿勢時，就像是在地墊上翻筋斗一樣，必須好好發揮調整姿勢的能力，不然頭部就會整個向下倒，會讓孩子感到非常害怕。

花點心思玩遊戲 &
培養身體感覺的好點子

　　讓孩子做出如燕子般的姿勢後，再稍微幫忙孩子往前彎吧！建議使用低於孩子胸前的單槓，大人雙手伸直幫忙支撐孩子的身體。若是沒辦法做到的話，至少要幫忙支撐孩子做出燕子般的姿勢。

　　要是孩子很容易往前後翻倒的話，大人可以幫忙支撐孩子的胸前與膝蓋。若孩子在前彎時會害怕身體往前倒，大人可將手放在孩子的胸前與後腦杓，幫助孩子縮起下巴、將身體蜷曲成圓弧形。萬一孩子的頭會整個往下掉的話，則可以幫忙支撐住後背，讓孩子的雙腳朝地，在腹部緊貼著單槓的前提下，輔助孩子讓雙腳著地。這時要提醒孩子，直到最後都不能鬆開雙手。建議可在單槓下放一塊軟墊，就能更放心練習了。

❶ 照著節奏跳躍

　　大人與孩子面對面互相牽手，讓孩子雙腳跳。此時大人要從下方握住孩子的手，等到跳得很熟練之後，大人以雙腿併攏的姿勢坐在地板上，讓孩子試著跳過大人的雙腳。讓孩子以雙手支撐體重，同時記得督促孩子按照節奏跳躍，如此一來就能培養出以雙手支撐體重的感覺，以及跳躍時的節奏感。

❷ 飛高高

　　大人仰躺在地板上，讓孩子趴在小腿上，此時孩子要握住大人的大拇指以作為支撐。大人的雙腳緩緩上下移動，跟孩子玩飛高高的遊戲，便培養出平衡感，以及支撐身體的力量。等到孩子習慣之後，再試著改成以腳底支撐孩子，也可以稍微伸長雙腳、或是改變高度等，慢慢提升難度。

讓孩子握住大人的大拇指就能安心

 重點　若是孩子的腹部抵住單槓時會感到疼痛，可以在單槓上綁一條毛巾或抱枕，讓孩子放心嘗試吊單槓。此外，當孩子要躍上比胸前更高的單槓時，若是告訴孩子「往前跳」，有些孩子真的會照做，導致撞到臉部。此時應該要說：「往上跳、往斜前方跳」才對。

22 沒辦法向上旋轉

相關的 感覺・功能 | 視覺 | 聽覺 | **前庭覺** | 嗅覺 | 皮膚 感覺 | **深層 感覺** | **運動 計劃** | **運動 等** | 視知 覺 | 語言 功能 | 執行 功能

　　沒辦法在單槓上向上旋轉的孩子，可能是因為做不到讓身體向後仰的動作，或是伸直手臂讓身體離開單槓所致。這麼一來身體的重心位置會偏離單槓，導致雙腳抬不起來。

　　接下來，在抬起雙腳時，左右兩腳必須慢慢分擔體重，還必須抓準時機用力將雙腳往前踢到比頭還高的位置。若是雙腳往前踢，或是雙腳一直維持伸直不動的話，都沒辦法順利讓身體在單槓上旋轉。

　　此外，有些孩子沒辦法好好掌握姿勢的變化，像是身體往後傾倒之類無法以雙眼確認的動作，或是因為旋轉後頭部朝下，都會讓孩子感到恐懼，而進一步排斥單槓。

> ## 其他場景的情形

☐ 可以拿著重物走路嗎？
☐ 背背或抱抱時，可以牢牢抓住大人的身體嗎？
☐ 可以做仰臥起坐嗎？
☐ 蹲在地上時可以往後倒嗎？

　　為了在單槓上讓身體向後仰，必須擁有強勁的握力，像是可以拿著重物走路，或是擰乾抹布的力量。此外，在背背與抱抱時，就算大人沒有扶著孩子，孩子也要有力量能牢牢抓住大人身體才行。在單槓上抬起雙腳時，腹肌的力量與左右兩腳順暢踏步的感覺也都很重要。此外，以蹲著的姿勢往後倒時，也要能保持原本的姿勢才行，像這樣能掌握姿勢變化的能力正是關鍵。

花點心思玩遊戲&
培養身體感覺的好點子

　　建議選擇高度在孩子腰部到胸部之間的單槓。雙手張開與腰同寬，手腕的位置要比單槓還低才行。雙手握住單槓後，雙腳一前一後張開，讓身體接近單槓。接下來要以比頭頂還高的位置為目標，讓雙腳大幅度往上踢，此時腹部絕對不可以離開單槓。可以在孩子的腰後放一條毛巾，毛巾的左右兩端讓孩子抓著一起握住單槓，或是使用市面上販售的輔助腰帶也可以。當孩子往上踢時，大人可以幫忙支撐住孩子的腰後方，這麼一來就能讓孩子更容易抓住身體往後仰倒的時機。

　　在身體旋轉時，要記得縮起下巴，並蜷曲身體呈現圓弧形。當膝蓋越過單槓後，再筆直伸長雙腿，就能讓身體回到原本的位置。旋轉時手腕要改變角度往後傾斜才能支撐住身體，這點也非常重要。

❶ 踢高高

　　先讓孩子斜斜地靠在單槓上，大人手上拿著一個用網袋裝著的球，垂吊在孩子的雙腳前方，讓孩子靠在單槓上踢球。藉由斜斜靠著的姿勢，可以培養出在單槓上身體向後仰倒的力量。此外，也可以慢慢提高球的位置，讓孩子在踢球時也能稍微體驗到在單槓上身體向後仰的感覺。

❷ 往後翻

　　大人以站著的姿勢，與孩子面對面牽手，讓孩子從大人的雙腳一路爬到腹部位置，再往後方倒。找一位值得信賴的大人，當孩子的頭往後倒，甚至是在空中旋轉一圈時，也能安全照應。

有些孩子手臂很有力，但腹肌與背肌較弱，建議可以用反手的方式（從單槓下方握住單槓），會比較容易讓身體向後仰。而若是臂力較弱、腹肌與背肌力量較強的孩子，則建議以正手（從單槓上方握住單槓）會比較能發揮力量。

23 爬不上階梯

相關的
感覺‧功能　視覺　聽覺　**前庭覺**　嗅覺　皮膚感覺　**深層感覺**　運動計劃　**運動等**　視知覺　語言功能　執行功能

　　爬不上階梯的孩子，一般而言是因為尚未形成身體概念，或是面對溜滑梯時不知道該如何是好，也可能是力氣較小、不太能控制平衡。此外，也有些孩子是因為握住扶手的握力較弱，或是不喜歡接觸扶手；而且當孩子在爬溜滑梯的階梯時，會從底下隙縫看見下方陸地，爬到一半也許就會感到越來越害怕。

　　此外，也許是孩子以前曾經有被強迫溜滑梯的經驗，在心中造成陰影，有些孩子會在爬階梯爬到一半時突然回想起害怕的感覺，導致身體動彈不得。

其他場景的情形

☐ 可以爬得上建築物內的樓梯嗎？

☐ 跌倒時雙手會伸出來扶嗎？

☐ 可以爬行嗎？

☐ 坐在大人肩膀上，或被抱高高時會感到害怕嗎？

　　首先，孩子必須要有足夠的力氣單獨爬上建築物內的樓梯才行。在爬樓梯時，要先以單腳確實支撐住體重，而且必須要能扶著把手移動，這樣才能在快要摔倒時及時獲得支撐。而扶著把手移動，又跟爬行時支撐身體的力量，以及手腳交換動作的力量有關。

　　為了讓孩子享受溜滑梯的樂趣，平常就必須培養出可以應變姿勢變化的能力。如果硬是逼迫孩子溜滑梯，反而會招來反效果。最重要的是要讓孩子慢慢靠自己的力量挑戰踏上階梯。

花點心思玩遊戲&
培養身體感覺的好點子

不要在一開始就讓孩子挑戰爬溜滑梯的階梯，先從讓孩子攀爬與身高差不多的高度，培養出身體概念。尤其是四肢著地爬行的姿勢，跟握住樓梯扶手、手腳的交互動作很有關聯，也是以雙手支撐住身體的基本運動。

此外，也可以透過與值得信賴的大人一起玩互動遊戲，讓孩子體驗到姿勢變化的好玩之處。

當沒有其他小朋友在場時，可以讓孩子直接逆向爬上溜滑梯，從較低的位置開始，讓孩子自己掌控滑下來的時機，多嘗試幾次，讓孩子直接感受到溜滑梯的樂趣，才是最重要的關鍵。

① 爬上棉被山

多疊幾條棉被，疊成一座斜斜的小山，讓孩子四肢著地在棉被山爬上爬下、滾來滾去。從孩子可以接受的高度開始，慢慢調整高度，就能讓孩子練習到攀爬的動作。

② 互動體操遊戲

讓孩子跟一位值得信賴的大人一起玩，一開始先從視野較高的姿勢開始挑戰。從穩穩抱住的姿勢開始，進階到揹在身後。如果在揹著的時候，雙手離開孩子也沒問題的話，就可以嘗試讓孩子坐在肩膀上。一開始先用雙手扶著孩子的雙腳，再慢慢挑戰放開雙手。將孩子舉高高時，一開始要先配合孩子跳躍的姿勢，從地板開始慢慢提升高度。

 有些孩子的注意力較渙散，沒仔細看階梯就會不小心踩空，要提醒孩子在爬樓梯時一定要握緊扶手。大人則必須在後方守護孩子，免得孩子摔倒。

24 沒辦法煞車

相關的
感覺・功能 視覺 聽覺 **前庭覺** 嗅覺 **皮膚感覺** **深層感覺** 運動計劃 **運動等** 視知覺 語言功能 **執行功能**

　　要享受溜滑梯的速度感，首先必須要能感受到自己身體的位置在哪裡，同時預測待會的速度並加以控制。

　　如果沒辦法調整速度的話，就會無法應對加速的力道，導致頭部往後倒而撞到頭，或是著地時的力道太強導致往前摔，非常危險。為了能及時煞車，必須教孩子雙手扶住溜滑梯旁的扶手，雙腳靠在溜滑梯側面，才能隨時調整速度。

　　若是握力不足、不喜歡溜滑梯的觸感，或是腳部身體概念較弱的孩子，就會比較難以煞車。

　　此外，在溜滑梯時懂得觀察前方、察覺危險的注意力也很重要。

其他場景的情形

☐ 可以握著扶手爬樓梯嗎？
☐ 坐在大人肩膀上時，即使身體搖晃也能保持一定的姿勢嗎？
☐ 可以跳躍嗎？
☐ 走在人群中時，能夠不撞到別人嗎？

　　在溜滑梯時若想要用雙手控制速度，必須要擁有良好的握力、拉力及推力才行。在日常生活中，像是握著扶手爬樓梯，或是在玩單槓及立體格子鐵架時支撐身體的動作，都與溜滑梯時用雙手控制速度的感覺相似。此外，在溜滑梯向下加速時，也必須要採取能夠應對的姿勢，在日常生活中可以讓孩子坐在大人肩膀上，讓孩子練習「處於不穩定的姿勢」時也能保持平衡，同時也享受到高視野的樂趣。此外，從溜滑梯上溜下來著地時站起來的姿勢，也跟跳躍著地時的姿勢相當類似。

　　另一方面，要是孩子沒辦法集中注意力、預測接下來的危險，走在人群中也很有可能會很容易撞到別人。

花點心思玩遊戲&
培養身體感覺的好點子

讓孩子變身為動物，在斜坡爬上爬下玩遊戲吧！這樣的遊戲可以培養出支撐身體的力量與推力。

實際在玩溜滑梯時，可以趁著沒有其他小朋友的時候，讓孩子逆向爬上溜滑梯。一開始可以在較低的位置練習玩溜滑梯，反覆玩過幾次後，孩子就能逐漸掌握扶著扶手該用多少力道了。

如果孩子不喜歡接觸溜滑梯，或是不喜歡摩擦發熱的感覺，可以戴上防滑手套。當孩子溜滑梯時，大人也可以用雙手在途中擋住，讓孩子在溜滑梯上暫停一下再玩。此時可以提醒孩子不只是用手，也可以張開雙腳利用摩擦力來讓速度變慢喔！

❶ 滑抹布前進

在臀部下墊一塊抹布，讓孩子坐在地板上。將雙手放在後方支撐住身體，試著往前方移動。此時可以在前方設置一道終點，與其他小朋友一起比賽看誰先抵達終點，應該會很好玩。

這個遊戲不只能讓孩子練習用手腳支撐身體，還能培養出支撐體幹的力量。透過這個遊戲，可以讓孩子學會手腳之間的重心移動，以及練習調整力道的強弱。

❷ 平衡感遊戲

這個遊戲需要2人一組彼此面對面，用一條繩子綁成圓形，抵在2人的腰後方，再用雙手握住繩子。可以互相拉扯、放鬆，嘗試各種方式，只要有人的腳先動就輸了。這個動作跟在溜滑梯上煞車的姿勢很類似，也必須要能夠判斷瞬間的動作牢牢握住繩子才行。

 重點 依溜滑梯的傾斜角度與材質不同，有時候滑的速度會太快。而且在炎熱的夏季與寒冷的冬季，隨著氣溫不同溜滑梯的溫度也會有所改變。大人不妨可以先溜一次確認看看。如果要逆向爬上溜滑梯的話，切記只能在沒有其他小朋友的情況下這麼做。

25 無法排隊等待，會推擠、碰撞前面的小朋友

相關的
感覺・功能 視覺 聽覺 前庭覺 嗅覺 皮膚感覺 深層感覺 運動計劃 運動等 視知覺 語言功能 執行功能

若是孩子在玩溜滑梯時無法排隊等待，會推擠、碰撞前面的小朋友，應該要先確認孩子是因為想要跟別人溝通交流，還是根本就沒有意識到別人的存在。若是前者，主因應該是孩子還不太會調整力道；若是後者，可能是因為社會性還太低的緣故。

在公園等公共場所中，若是孩子還不明白遊戲規則的意思，就很容易會與其他小朋友發生衝突，可能是因為不了解別人感受、無法掌握別人行為的含意，或是無法掌控距離感等等。此外，也可能是還聽不懂別人的提醒，所以才會無法按照順序排隊、一時衝動動手打人等。還有，注意力較散漫的孩子，也可能會光顧著看旁邊而不小心撞到別人。上述的每一種情形，大人都必須花點心思陪在孩子身邊指正。

快一點！

> ## 其他場景的情形

- ☐ 可以小心拿好工具或物品嗎？
- ☐ 可以遵守約定嗎？
- ☐ 對別人感興趣嗎？
- ☐ 會與別人保持適當的距離嗎？

不會拿捏力道輕重的孩子，平常就很容易粗魯地對待物品。對於身體經常動來動去、喜歡追求強烈動作的孩子而言，拿捏力道並不是一件簡單的事。因為想要追尋刺激而用力溜滑梯，就很容易會撞到其他小朋友。

此外，培養孩子懂得「等待」、控制自己的心情也很重要。要是孩子難以明白別人的表情或意思，大人必須用畫圖的方式說明遊戲規則，以訴諸視覺的方式清楚說明。

花點心思玩遊戲&
培養身體感覺的好點子

　　首先，請在點心時間這種會吸引小孩注意的時刻，刻意製造出一段「需要等待」的時間。一開始可以劃分出一段短短的時間讓孩子等待，成功後則要好好誇獎孩子，接著再將「等待」的時間慢慢拉長。

　　在溜滑梯時，可以告訴孩子排在前面的小朋友姓名，讓孩子意識到前面有人；或者是告訴孩子前面的小朋友穿著的衣服顏色、衣服上畫的圖案等，讓孩子直接用看的就能了解排隊順序。一開始，大人可以用手擋住孩子，不要讓孩子隨便溜下去。告訴孩子要等到大人的手抬起來才能溜，藉此教會孩子「等待」。

　　可以等到其他小朋友溜完後，再抬起雙手讓孩子溜下去，慢慢製造出就算大人不在場、孩子也能自行按照規則遊戲的環境。

① 果汁店老闆扮家家酒

　　讓孩子在玩扮家家酒時，扮演果汁店老闆，為客人分裝果汁。將裝在寶特瓶裡的水小心分裝到杯子裡，可以讓孩子意識到力道的拿捏。不妨以水、彈珠、沙子等各種素材來當作是果汁，也是不錯的玩法。可以請其他小朋友或家人輪流向孩子點果汁，讓孩子在玩扮家家酒時留意到順序的重要性。

② 玩桌遊

　　玩桌遊時必須依照順序輪流擲骰子，此時可以利用照片清楚標示出每個人的順序，讓孩子理解到在玩遊戲時，必須按照順序、輪流等待。

　　若是這麼做孩子還是無法理解順序的話，則可以讓正在擲骰子的人戴上帽子，做出明顯的記號，強調出現在是誰正在擲骰子。

 重點 當孩子不想遵守遊戲規則時，就不要讓孩子玩溜滑梯，直接把孩子帶回家。就算孩子哭鬧不休，大人也必須貫徹態度、不能動搖，這點非常重要。當人數較多、容易產生衝突時，可以把孩子帶離溜滑梯，讓孩子先去玩別的遊戲設施。不要只是一味告誡或責備孩子，而是應該明確告訴孩子應該怎麼做，並好好稱讚孩子有做到的部分。

26 害怕溜滑梯

相關的
感覺・功能 | 視覺 | 聽覺 | 前庭覺 | 嗅覺 | 皮膚感覺 | 深層感覺 | 運動計劃 | 運動等 | 視知覺 | 語言功能 | 執行功能

溜滑梯是一種可以享受到高度與下滑時加速度的刺激遊具。

雖然溜滑梯會令人心跳加速，不過卻是一種能培養速度、平衡感與運動能力的遊戲，還能幫助孩子理解身體概念以及身體與空間的位置關係。

只是，有些孩子可能會排斥搖晃、傾斜與速度較快的感覺。要是硬逼這樣的孩子玩溜滑梯，很有可能會造成孩子心中的創傷。

此外，要是姿勢沒有調整好，也可能會因為溜滑梯的速度較快而撞到頭部、著地時往前翻倒，或是由臀部著地等，造成不愉快的回憶，也都是孩子害怕溜滑梯的原因之一。

> ### 其他場景的情形

- ☐ 會害怕盪鞦韆等會搖晃的遊具嗎？
- ☐ 可以保持良好的坐姿嗎？
- ☐ 可以筆直地走路嗎？
- ☐ 跌倒時雙手會伸出來扶嗎？

要是孩子對於保持姿勢所需的感覺訊息方面出現了一些問題，就算是對於一般人而言不算特別搖晃或特別高的遊具，也會產生強烈的恐懼感。如果是這樣的話，當然也就無法享受到盪鞦韆與溜滑梯的樂趣。

此外，這樣的孩子可能也會偏向體力較弱，即使是日常姿勢也很難保持平衡或提供足夠的支撐，走路時顯得搖搖晃晃，無法維持固定的姿勢，或是沒辦法應付突如其來的姿勢變化，而容易感到不安。還有，當跌倒時雙手要懂得伸出雙手，培養出保護自己的能力也很重要。

花點心思玩遊戲&
培養身體感覺的好點子

　　首先，讓孩子待在值得信賴的大人身上，玩搖晃、傾斜的遊戲，幫助孩子學會調整姿勢吧！

　　實際帶去公園溜滑梯之前，可以利用桌子或紙箱等製造出一個斜面，讓孩子先試玩看看。一開始先以較低的高度、和緩的坡度，讓孩子自己在斜面上隨意玩耍。孩子可能會先放球類或玩具上去，讓這些東西滾下來，在這樣的遊戲之中漸漸提升孩子對溜滑梯的興趣也不錯。

　　完成這些前置遊戲後，就可以讓孩子與值得信賴的大人一起去公園玩溜滑梯了。一開始建議從較低的位置開始溜，讓孩子可以放心慢慢溜，再逐漸讓孩子挑戰自己溜滑梯。

❶ 搭公車

　　大人雙腳伸直坐在地上，讓孩子面對面跨坐在大人腳上。此時，大人可以上下伸展膝蓋搖晃孩子，一開始先慢慢搖晃，玩到最後可以將膝蓋大幅度彎曲，接著數「3・2・1」，再迅速伸長雙腿，藉此培養出孩子應變急遽姿勢變化的能力。

❷ 紙箱電車

　　讓孩子坐進紙箱裡，大人在後面推紙箱前進。讓孩子待在被紙箱包圍的環境中，感受速度變化的樂趣。可以假裝讓孩子搭上普通電車，或特急電車，會更好玩唷！

 重點　若是孩子會害怕溜滑梯的話，並不需要硬逼孩子玩。重要的是讓孩子產生主動想要玩的念頭，在公園裡除了溜滑梯之外，好好使用身體玩其它的遊具更重要。

27 不太會玩立體格子鐵架

| 相關的感覺・功能 | 視覺 | 聽覺 | 前庭覺 | 嗅覺 | 皮膚感覺 | 深層感覺 | 運動計劃 | 運動等 | 視知覺 | 語言功能 | 執行功能 |

立體格子鐵架是一種必須跨越格子、在格子裡鑽來鑽去的遊具，可以幫助孩子建立身體概念。要是對於身體概念薄弱，無法掌握自己的身體大小或方向、頭部位置與手腳長度的話，面對立體格子鐵架時就會不知道該怎麼讓身體配合格子移動、協調肢體動作，因此顯得不太會玩立體格子鐵架。

此外，也有些孩子是因為怕高，攀爬上高處會感到不安與恐懼；或是沒辦法謹慎注意到每一個動作與當下的情況，就有可能會突然鬆手，或是腳步踩空。

為了要持續支撐身體攀爬在鐵架上，最基本的就是手腳的肌力，以及保持平衡的姿勢也是一大關鍵。

> **其他場景的情形**

- ☐ 可以鑽到桌子或椅子下方等狹窄的空間裡嗎？
- ☐ 會害怕高度落差嗎？
- ☐ 跌倒時雙手會伸出來扶嗎？
- ☐ 在背背時會緊緊抓住大人嗎？

身體概念較弱的孩子，不會主動注意到看不見的部位，鑽到桌椅下方時很有可能會撞到頭部與背部。而且，要是在比較高的地方無法保持平衡，甚至是跌倒時，要是伸出雙手支撐身體的反應較慢，更可能會對不穩的地方或高處產生恐懼感。

要順利在立體格子鐵架爬上爬下，除了手腳的肌力不可或缺之外，手腳也必須能像是以爬行的方式移動般，順暢地交互移動保持平衡、支撐身體。此外，在玩背背時，手腳也要有足夠的力量可以抓住大人的身體才行。

花點心思玩遊戲&
培養身體感覺的好點子

　　不太會玩立體格子鐵架的孩子，建議可在立體格子鐵架中放入孩子喜歡的玩偶或玩具，鼓勵孩子激發出「想要過去」的心情。

　　可以配合孩子的能力，設定一個合適的高度與深度作為目標。此外，也可以在立體格子鐵架的中間放一塊板子，讓孩子可以穩穩地踩在上面，在板子上稍作休息、調整姿勢，只要能站在上面確認周遭的情況，就能讓孩子感到比較放鬆，了解到「原來我已經爬到這裡了！」，獲得成就感的同時也能加強自尊心，讓孩子更想挑戰下一個關卡。

　　至於在旁邊陪玩的大人，可以幫忙支撐住孩子的腳底，讓孩子漸漸可以靠自己找到適合踩踏的位置，順利在立體格子鐵架上移動自如。

① 鑽隧道

　　將幾張桌子並列，製造出一條隧道，讓孩子假裝自己是電車，鑽過桌子下方的隧道。提醒孩子盡量不要讓身體觸碰到桌子。等到孩子能順利鑽過去後，再嘗試以倒退的姿勢鑽過隧道。這個遊戲不僅可以加強孩子的身體概念，也可以鍛鍊手腳的肌力。

② 模仿動物爬行

汪！汪！

　　讓孩子假裝自己是動物，在樓梯上模仿動物爬山的姿勢。藉由以爬行的姿勢上下樓梯，可以培養孩子的身體概念，並鍛鍊手腳支撐身體的力量。不過，在樓梯上玩可能會有跌倒之虞，一定要非常小心才行。

　　重點 在玩立體格子鐵架時，如果孩子不知道手跟腳應該擺在哪裡才好的話，建議可在立體格子鐵架上合適的位置貼上貼紙，以不同的顏色區分手腳，在視覺上幫助孩子判別。

28 走不過去

| 相關的
感覺‧功能 | 視覺 | 聽覺 | 前庭
覺 | 嗅覺 | 皮膚
感覺 | 深層
感覺 | 運動
計劃 | 運動
等 | 視知
覺 | 語言
功能 | 執行
功能 |

走平衡木是一種要走在比自己身體寬度還窄的狹窄道路，必須維持一定的姿勢移動，保持平衡不能摔倒的遊具。而且，當身體不穩時，也必須要有足夠的肌力，才能立即恢復原本的姿勢。

此外，在玩平衡木時也必須要能掌握自己與地板之間的距離（高度），就算從平衡木上跌落，也要採取能保護自己的姿勢，並擁有預測危險的能力，才能盡情享受玩平衡木的樂趣。

在體育課上，走平衡木必須要以左右兩腳交互前進。孩子必須要能將重心移動的單腳，並維持穩定的姿勢，才能順利以左右兩腳交互前進的方式走平衡木。

其他場景的情形

☐ 下樓梯時會感到害怕嗎？
☐ 在沒有高低起伏的地方，可以順利走路、不會跌倒嗎？
☐ 可以筆直地走在路上嗎？
☐ 單腳站立可以維持 2～3 秒嗎？

孩子若是無法在姿勢傾斜時好好調整回來、保持身體平衡的話，就無法掌控自己的身體，一旦遇到容易讓身體姿勢產生變化的高低起伏處，就會感到害怕。

全身力量都很弱的孩子，不但沒辦法好好支撐住身體姿勢，難以掌控身體平衡，即使是在平坦的地面上腳步也會不穩，無法筆直地走路。

為了在平衡木上以左右兩腳交互前進，必須養成能以單腳支撐住身體的力量；就算沒辦法單腳站，也要能以單腳支撐住體重、維持整體平衡，保持穩定的姿勢，才能在平衡木上順利以左右兩腳交互前進。

花點心思玩遊戲 &
培養身體感覺的好點子

一開始可以先讓孩子跨過平衡木，或是坐在平衡木上，從簡單的動作開始做起，讓孩子對平衡木產生親近感。

同時也可以配合孩子的能力，利用雜誌或木材製造出恰當的寬度與高度，讓孩子假裝自己是汽車或電車，安心地保持平衡走在上面。若是不太會保持平衡的孩子，也可以赤腳走沒關係。當孩子走在平衡木上時，大人若是握住孩子的手，孩子可能會太依賴大人的力量而倒向前方或旁邊。大人應該在孩子的身後幫忙扶著孩子的手臂或腰部會比較恰當。要是孩子希望雙手獲得支撐，可以讓孩子抓住大人的衣服，不要過度依靠大人，而是以自己的力量保持平衡前進。

❶ 釣魚遊戲

準備一支黏有磁鐵的釣竿，在地上擺好空罐當作魚。可以放置好幾個各種高度與寬度的台階當作船，讓孩子踩在船上釣魚，同時還要注意不可以掉到海裡（地板）。這個遊戲可以讓孩子一邊玩、一邊養成平衡感。

❷ 踏腳石

將小小的墊子以 Z 字型排列在地上當作踏腳石，讓孩子以雙腳跳或單腳跳的方式踩過墊子，小心避免摔落到地板。這個遊戲可以培養出平衡感，並加強雙腳的踏力。

重點 在平衡木的起始位置放一個與平衡木一樣高的台階，營造出一個可以調整姿勢的空間，讓孩子更容易踏上平衡木。

29 不會前滾翻

相關的 感覺‧功能 | 視覺 | 聽覺 | 前庭覺 | 嗅覺 | 皮膚感覺 | 深層感覺 | 運動計劃 | 運動等 | 視知覺 | 語言功能 | 執行功能

在前滾翻時，頭部位置一下要倒立、一下要翻滾，不過，再怎麼變化都必須力求保持平衡、維持身體的姿勢。此外，雙手也必須幫忙支撐身體，將身體拱成圓弧形，而且還需要有足夠的腿力蹬地板。不僅如此，更必須熟悉自己的身體概念，才能明白手與腳的相對位置，此外，能否順利轉移重心也很重要。

在做前滾翻時，一開始要先稍微彎曲膝蓋，以抬高腰部的姿勢做準備。接著再將雙手撐在地墊上以支撐體重，並將後腦杓靠在地墊，把身體拱成圓弧形，同時用雙腳蹬地墊帶動身體，利用反作用力讓身體往前翻。必須抓好時機，依照上述的順序做出連續的動作，才能順利做出前滾翻。

其他場景的情形

☐ 可以以站立的姿勢，撿起掉在地上的物品嗎？
☐ 喜歡玩盪鞦韆、溜滑梯與單槓等遊具嗎？
☐ 會蹲下嗎？
☐ 會做仰臥起坐嗎？

　要是孩子無法掌握平衡感、不太會調整姿勢的話，就會對於要倒立頭部旋轉身體感到恐懼。此外，平時也必須要能享受盪鞦韆、溜滑梯與單槓等需要平衡感的遊具，才有辦法做出前滾翻的動作。
　若是沒辦法在精準的時間點做出連續動作的話，可能是因為手腳的位置太遠、姿勢變成蹲姿，或是膝蓋太彎的緣故。

花點心思玩遊戲&
培養身體感覺的好點子

　　一開始的動作是將雙手放在距離腳尖前一個手掌的位置，雙手打開與肩同寬。稍微彎曲膝蓋，將腰部保持在較高的位置，注意不要變成蹲姿。接下來將頭部靠在雙腳之間往前倒，讓後腦杓接觸到地墊再往前滾，就能順利翻滾身體。若是孩子無法掌控雙手該放在哪裡，可以在地墊上手與腳的位置貼上膠帶做記號，會很有幫助。

　　此外，若是孩子蹬地板的力量不夠，則可以設置一塊傾斜的地墊，讓雙腳的位置比手部高，這麼一來也比較容易翻滾身體。要是孩子無法直直往前翻滾，建議可以並列 2 張地墊，在地墊之間保留一些縫隙，讓孩子將頭部靠著地墊的縫隙往前翻滾，這麼一來背部就比較容易感受到身體的動作，便能直直往前翻滾了。

❶ 手持抹布擦地

　　這個動作可以培養出雙手支撐身體的力量。若是支撐力較弱的孩子，不妨在日常生活中讓孩子練習拿抹布擦地板，擦的時候注意要以四肢著地爬行，或是高高抬起臀部的方式擦地，就能培養出以雙手支撐身體的力量。

❷ 搖搖馬

　　先採取蹲下的姿勢，雙手抱住膝蓋，以臀部著地的姿勢讓身體前後搖晃。這個遊戲不僅能讓孩子體會到弓起身體旋轉的感覺，同時還能鍛鍊到腹肌。

重點　使用較厚的抱枕或棉被，在身體不會感到疼痛的環境下進行。若是孩子不太擅長變換姿勢的話，可先從「面對面坐著彼此擁抱著搖來搖去的遊戲」開始，進行一些會使用到身體的親子遊戲，讓孩子感受到安全感之餘，慢慢開始練習變換姿勢。

30 沒辦法朝著跳箱跑過去

　　跳箱需要先助跑，踏上三角斜坡墊再奮力一躍，以雙手扶著跳箱，再跳躍一次才能著地，由許多連續的動作所構成，而且都必須在一瞬間完成，因此必須擁有運動方面的想像力與切換動作的能力。再加上踏上三角斜坡板往上一躍，以及在跳箱上用手腕支撐身體，都需要充足的肌力才能做到。此外，有些孩子是因為害怕會撞到跳箱，才會在助跑到一半時停下來，或是避開跳箱。也有些孩子可能是助跑得太快，反而會擔心衝勁過猛而導致失速。

　　而在助跑或是往上跳躍時會跌倒的孩子，可能是因為還無法掌握自己的身體概念，或是難以想像接下來會是什麼動作的緣故。

其他場景的情形

☐ 跌倒時雙手會伸出來扶嗎？
☐ 在大動作跳躍時，能保持身體平衡嗎？
☐ 能夠調整跑步的速度嗎？
☐ 會跳格子嗎？

　　若是孩子在身體往前跌倒時雙手不會伸出來保持平衡、跳躍後容易失去平衡往後摔倒，便很有可能會因為擔心跌倒，而對跳箱抱有恐懼感，不敢跳上跳箱。此外，跳箱子前並不需要助跑太多，因為衝勁過猛反而很難順利踩踏到三角斜坡墊。重點在於必須控制速度、直直往前跑，以及有節奏感地踏上三角斜坡墊。要踏上三角斜坡墊之前，要先以單腳踏在三角斜坡墊前方，再以雙腳大大躍上三角斜坡墊，以跳格子的感覺有節奏感地移動身體就是關鍵。

花點心思玩遊戲&
培養身體感覺的好點子

在孩子對跳箱抱有恐懼感的狀況下，就算直接把孩子帶到跳箱前面，孩子也不可能直接跳得過去。建議可藉由其他遊戲來練習一躍而上之後的各種動作，讓孩子一步一步營造出對跳躍的概念。

不妨將跳箱的動作分割開來，從著地的動作開始練習。讓孩子坐在跳箱上，以雙手支撐起身體再跳下來。若是孩子不知道該在什麼時機躍下跳箱的話，一開始先不要使用跳箱，從踏上三角斜坡墊跳躍的動作開始練習也無妨。

此外，也可以讓孩子觀看跳箱的影片，以慢動作或停格、倒帶反覆觀看等，用視覺來仔細確認跳箱的各種動作。

❶ 踏上斜坡板一躍而上

在大花板吊一顆球，讓孩子踏上三角斜坡板再跳起來觸碰那顆球。一開始嘗試時不需要助跑，練習以雙腳跳的方式一躍而上，鼓勵孩子跳高高去摸球。接下來可試著助跑2、3步，等等孩子慢慢加強衝勁後，可以把球的位置逐漸拉高，讓孩子練習跳得越高越好。

❷ 從跳箱跳下來

準備一個高度適合孩子直接坐上去的跳箱，讓孩子坐上去後，以雙手撐住跳箱支撐身體再跳下來。在地上擺放有顏色的地墊，鼓勵孩子跳到指定的顏色區域。這個遊戲可以練習到在跳箱上以雙手支撐後的動作，以及著地的感覺。

 對害怕跳箱的孩子而言，就算反覆練習助跑也無濟於事。請讓孩子多多練習每個環節不同的動作。

31 無法掌握跳躍的時機

相關的
感覺·功能

| 視覺 | 聽覺 | 前庭覺 | 嗅覺 | 皮膚感覺 | 深層感覺 | 運動計劃 | 運動等 | 視知覺 | 語言功能 | 執行功能 |

有些孩子無法掌握從三角斜坡板一躍而起的時機，可能會在跳箱前面突然停下動作、甚至是撞上跳箱。原因可能是在於孩子對跳箱感到恐懼的心理因素（請參考 P78），或者是不知道該做出什麼樣的動作。

若是基於運動方面的因素，則可能是孩子不知道該怎麼從跑步的動作切換成雙腳跳。

此外，也可能是因為身體的動作無法搭配一躍而上的時機，或是不知道雙腳該踩哪裡才好。還有，當孩子想要一鼓作氣一躍而上時，要是膝蓋彎曲的幅度太大，或是用腳跟踩上三角斜坡板，也會導致跳躍失敗。

其他場景的情形

☐ 可以筆直地走路嗎？
☐ 可以跳過路上的小水坑嗎？
☐ 會跳格子嗎？
☐ 會雙腳跳嗎？

當孩子在三角斜坡板前以單腳踏上預備位置時，必須特別留意三角斜坡板與跳箱之間的距離。這個動作跟平時走路時輕輕躍過小水坑的感覺很像，此外，在跳格子時也要能有節奏感地以單腳跳躍才行。

接著，以雙腳跳上三角斜坡板，再往斜前方大幅度跳躍。然後用雙手支撐住跳箱，連接身體跳躍的動作，此時須留意抬起上半身，不要採取蹲姿，確實發揮雙腳的力量跳躍起來。

花點心思玩遊戲&
培養身體感覺的好點子

一開始先從只用三角斜坡板，讓孩子練習跳上三角斜坡板再一躍而上吧！在三角斜坡板前方的預備位置上，可以用膠帶做記號，讓孩子可以用肉眼確認位置。

決定好要用哪一隻腳踩上預備位置後，就可以配合自己的節奏，以「右（左）」、「雙腳」的連環動作練習跳躍。

等到孩子習慣跳躍的感覺後，再練習在跳躍時眼睛看前方，此時可以將鈴鼓之類的物品放在高高的位置，讓孩子練習跳上去觸摸鈴鼓，這麼一來就可以掌握往斜前方跳躍的感覺了。跳躍時的關鍵在於要確實抬起上半身喔！

❶ 一邊搖擺雙手、一邊雙腳跳

讓孩子站在原地不動，前後大幅度搖擺雙手後再往前一躍。建議在前方準備彩色地墊，讓孩子先決定要跳到哪一色地墊，再實際挑戰跳躍，這麼一來就會變得很好玩。前後擺動雙手可以讓孩子練習到如何加強跳躍的力道。

❷ 跳繩子

讓孩子練習以雙腳跳的方式跳過靜止不動的繩子。可以慢慢拉高繩子的高度，讓孩子先助跑再跳躍，練習一躍而上的感覺。

重點 為了讓孩子明白跳躍的時間點，大人可以出聲提醒或拍手來幫助孩子。一邊播放音樂一邊練習應該也不錯。助跑的距離不需要太長，因為要是助跑的衝勁太強，可能會讓孩子感到恐懼而無法連接到下一個動作。

32 總是跳不好

以雙腳順利一躍而上後，必須以雙手扶著跳箱、確實支撐身體，同時將雙腳往前送。此時，要是雙手位置沒有擺好，或是頭部好像快要往前倒下去了，就會產生害怕的感覺。

此外，有些肌力較弱的孩子，或是錯過了左右平衡的時機，也會支撐不住身體，導致從頭部朝地跌倒。

一旦讓害怕的感覺籠罩心頭，當雙手扶著跳箱時身體就會不由自主地踩煞車。此外，若是雙手擺放的位置太前面，也會讓人無法順勢跳躍過去。

其他場景的情形

☐ 可以做出伏地挺身的姿勢嗎？
☐ 會玩人體推車的遊戲嗎？
☐ 會雙腳跳嗎？
☐ 可以用雙手抱頭做出青蛙跳的動作嗎？

由於跳箱需要用手來支撐，因此雙手必須擁有足夠的肌力，才能確實支撐身體；雙手的力量要足以能做出伏地挺身的姿勢才行。

當雙手扶著跳箱時，雙腳也要同時往前送。這個動作必須擁有手腳協調運動的能力，以及力量足夠支撐住體幹的腹肌與背肌，才能在剛剛好的時間點把雙腳往前送。可以先嘗試用雙手抱頭做出青蛙跳等訓練手腳協調的動作，就可以練習到雙手扶著跳箱之後的步驟。

花點心思玩遊戲&
培養身體感覺的好點子

　　一開始可以先練習將雙手扶在與腰部同高的高台上，將身體向前傾，讓雙手支撐體重，再直接往上跳躍，就能培養以雙手扶著跳箱跳躍的感覺。接下來可以讓孩子實際跨坐在跳箱上，將雙手放在前方，同時抬起臀部支撐身體，再使身體往前移動。這個動作可以練習加強雙手支撐身體的力量，以及將雙腳往前送的動作。建議將2、3個跳箱相連擺放，讓孩子反覆練習以雙手支撐體重移動身體。

　　有些孩子儘管能夠順勢跳上跳箱，但跳上後卻會直接跨坐在跳箱上便靜止不動。對於這樣的孩子，可以在雙手應扶的位置貼上彩色膠帶做記號，就可以幫助孩子順利跳過跳箱。此外，當雙手扶著跳箱時，必須意識到腰部要往前超過雙手的位置，這點也很重要。

① 跳箱子

　　找一個大小足以讓孩子跨坐在上面的紙箱，在裡面放入書本等物品，讓紙箱夠重、不易傾倒。讓孩子在跳躍時以雙手扶著紙箱支撐體重，一躍而過紙箱。由於躍過紙箱的面積比真正的跳箱小，因此讓人可以輕易挑戰。這個遊戲可以練習到以雙手支撐身體躍過箱子的動作。

② 模仿兔子跳

　　讓孩子採取蹲姿，以雙手扶著地面，模仿兔子跳躍的動作。這個遊戲可以練習到將體重從雙手移動到腿部的感覺。此時要確實讓雙手支撐住體重。同時也能練習到雙腳往前移動到雙手外側的開腳跳動作。等到孩子能順利做出這個動作後，可以在前方放一顆球，讓孩子試著跳過那顆球。這麼一來就能練習到一邊支撐身體、一邊跳躍到更遠的地方。

放入書本，讓箱子不至於傾倒

重點　一開始要先從雙手扶地的動作開始練習。只要能設想出著地時的感覺，就不會感到那麼害怕，跳箱子也會變得容易許多。此外，也要記得在地板上鋪好地墊，就算跌倒了也不至於受傷。若是雙手不會扶住地面的青蛙跳，由於會傷害到腳部關節與肌肉，因此請避免讓孩子做青蛙跳的動作。

33 著地時會跌倒

相關的
感覺‧功能　視覺　聽覺　**前庭覺**　嗅覺　皮膚感覺　**深層感覺**　**運動計劃**　**運動等**　視知覺　語言功能　執行功能

　　為了降低著地時的衝擊力道，著地時必須以整個腳掌著地，並稍微彎曲膝蓋往前踏實地面。同時，雙手與身體也必須保持平衡，可說是會用到全身的協調運動。

　　要是上述的動作做不好，著地時是以腳尖著地，全身就會失去平衡、往前撲倒；反之，要是以腳跟著地，身體則會倒向後方，使得臀部著地摔倒。此外，也有些孩子是因為過度專注在將雙手扶著跳箱的動作，沒有讓雙腳往前送，導致頭部著地跌倒。萬一發生了上述情況便很有可能會受傷，反而讓孩子對跳箱產生恐懼感，因此在一開始就必須花點心思讓孩子能安全著地。

其他場景的情形

☐ 可以蹲下嗎？
☐ 在雙腳跳時可以同時鼓掌嗎？
☐ 跌倒時雙手會伸出來扶嗎？
☐ 跑步到一半時可以突然煞車嗎？

　　著地時腿部的每一個關節都必須協調活動，才能保持平衡、維持姿勢，而且也需要足夠的力量才能讓雙腳踏在地面，同時也需要腹肌與背肌的力量支撐身體。

　　在日常生活的姿勢中，若是站著或坐下時無法固定姿勢、容易晃來晃去的話，跳箱子也許就是一件不可能的任務了。此外，像是在雙腳跳時同時鼓掌、觸碰膝蓋，或是手腳大大張開等，將雙腳跳與其他動作結合在一起時，身體也不會搖晃不穩、能維持穩定的姿勢，像這樣在運動時能靈巧地切換動作也是成功跳箱子的關鍵之一。

花點心思玩遊戲&
培養身體感覺的好點子

　　先讓孩子在地板上跳躍，確認孩子著地時是否能好好保持穩定的姿勢。透過跳格子或跳地墊，可以幫助加強孩子的平衡感與踩踏的力量。若是在地面上可以保持穩定姿勢的話，再進階到下一個階段，讓孩子在平台上練習跳躍。

　　此外，為使跳箱上的動作都能順利銜接，建議讓孩子先跨坐在跳箱上，做出雙手扶著跳箱的姿勢，練習抬起身體、往地面一躍。要是太在意腳部的情況，可能會使頭部往前傾倒，變成很容易跌倒的姿勢，因此要提醒孩子跳躍時記得看前方，才能順利著地。

　　一開始將跳箱設置為孩子腰部左右的高度，讓孩子的雙腳可以直接碰到地面，接下來再慢慢增高，提升難度讓孩子挑戰看看。

1 先跑再跳

　　讓孩子朝呼拉圈的方向跑去，再跳進呼拉圈裡面。記得提醒孩子好好控制身體，不可以讓身體超出呼拉圈的範圍。另外，建議可在跳躍的位置上設置一道較低的台階，讓孩子在踩上台階後再跳躍，便能加強整體的平衡感。接下來可以慢慢拉開台階與呼拉圈的距離，訓練孩子控制力道的能力。

2 模仿青蛙跳

　　模仿青蛙的姿勢，採取蹲姿、雙手扶地往前跳躍。這個動作可以訓練到雙手實際扶在跳箱上到後續著地的動作，也能培養出雙腳的踏力。

 重點 請在著地的區域鋪上地墊，準備一個萬一跌倒了也不會很痛的安全環境。

34 無法好好轉動繩子

| 相關的
感覺·功能 | 視覺 | 聽覺 | 前庭
覺 | 嗅覺 | 皮膚
感覺 | 深層
感覺 | 運動
計劃 | 運動
等 | 視知
覺 | 語言
功能 | 執行
功能 |

在旋轉繩子時，雙手必須牢牢緊握跳繩兩端握把，讓跳繩兩端同時動作。接下來要輕夾腋下，讓肩膀與手肘保持穩定，只需要轉動手腕而已。

要讓肩膀與手肘保持穩定，首先必須要擁有固定身體姿勢的力量。此外，握住握把的姿勢也很重要。當手肘彎曲、手掌朝下握住跳繩握把，在旋轉繩子時腋下就容易張開。此時，以肩膀為支點的跳繩會越繞越大圈，使得繩子旋轉的速度變慢，就容易錯過跳躍的時機。另外，要是孩子的左右手無法同時動作的話，會使得跳繩的軌道不固定，便容易絆倒身體。

其他場景的情形

☐ 跳躍時能保持固定的身體姿勢嗎？
☐ 可以手握鼓棒同時打鼓嗎？
☐ 能將手肘靠在桌面上，以鉛筆畫出大大的圓形嗎？
☐ 手腕可以忽快忽慢地轉動嗎？

就算雙手無法保持平衡，也必須擁有足夠的力氣跳躍，同時也必須能夠以雙手握持物品進行操作才行。轉動跳繩的動作跟拿鉛筆畫圓的動作非常相似，一開始練習畫圓時，必須使用肩膀的力量才能畫出一個大大的圓形，到了後來則改為使用手肘、手腕、手指，才慢慢可以畫出小小的圓形，像這樣控制手部動作的能力非常重要。而在跳繩時，不需要擺動肩膀，只要彎曲手肘、轉動手腕，主要是以手部的協調運動為主，再加上規律地轉動繩子即可。

花點心思玩遊戲&
培養身體感覺的好點子

一開始先讓孩子以單手握住跳繩的 2 個握把，在身體側邊放置電風扇或輪胎當作目標物，規律地轉動跳繩。此時手掌須朝上握住跳繩，輕夾腋下再轉動跳繩。若是肩膀也會跟著動的話，建議可在腋下夾一條毛巾，提醒孩子時時夾住腋下。

接下來，另一隻手也以同樣的方式握住跳繩，以雙手同時轉動跳繩。等到孩子可以規律地轉動跳繩後，就可以配合繩子觸碰到地面的聲音試著跳躍看看。差不多能掌握轉動繩子的感覺與跳躍的時機後，就可以實際挑戰跳繩了。

若是因為繩子太輕、難以感受到繩子轉動的話，則建議可在繩子正中央綁一條手帕，藉此增加跳繩的重量。

❶ 在握把稍作加工

疊鋪 2 張報紙再對折後，從跳繩握把的頂端綁到到繩子部位，再利用橡皮筋固定好，就能增加握把的長度。

無法好好轉動繩子的孩子，可能是因為在轉動繩子的時候，手部動作比繩子還要慢，導致跳繩軌道不固定的緣故。不過，只要利用報紙固定住握把及一部分繩子，就能讓軌道呈現出漂亮又穩固的圓形，而且這麼一來也能讓孩子更容易了解到在跳躍後手部的轉動方向。

❷ 雙節棍瞄準遊戲

在毛巾的其中一端打結，讓孩子抓住沒有打結的那一端，來回旋轉毛巾。可以製作一個目標物，甩動毛巾按照順序一一擊落。

 重點 以雙腳踏在跳繩的正中央，兩端握把高度約在胸口，這樣的長度剛剛好。有些孩子可能會因為繩子太輕而覺得難以掌握，不妨使用布製的跳繩，不僅重量恰到好處，也不易糾纏打結，會比較容易使用。再加上重一點的跳繩可以轉得比較慢，讓人更容易掌握轉動的感覺。

35 無法好好跳躍

在跳繩時，上半身必須挺胸打直、稍微彎曲膝蓋，使用腳尖讓雙腳同時跳躍。還要在固定的位置保持固定的姿勢，規律地反覆跳躍。此時視線不能盯著繩子，頭部必須保持不動，讓視線看往前方的某一定點，跳繩時要一邊感受自己的身體與跳繩的位置就是關鍵。

無法好好跳跳繩的孩子，可能是因為平衡感比較差、無法維持固定的姿勢，或是不會雙腳跳，左右兩腳零零落落容易絆到跳繩。

此外，也有些孩子是在跳繩時會想要越過跳繩一不小心就往前跳了，或是膝蓋彎曲的幅度太大，導致跳躍的動作太大，自然也無法規律地連續跳躍。

其他場景的情形

☐ 在跳躍時可以保持同一姿勢嗎？
☐ 可以在原地連續跳躍嗎？
☐ 可以墊腳尖站立嗎？
☐ 會玩彈跳床嗎？

跳跳繩的前提是，在跳躍時無須靠雙手維持平衡就能維持同一姿勢。而且，跳繩必須做出連續的跳躍動作，因此也要能夠在原地輕輕跳躍才行。

若在著地時腳底完全貼在地面上的話，接下來的動作就會變慢，導致無法規律地跳躍。因此在跳繩時必須打直上半身、稍微彎曲膝蓋，以腳尖輕輕跳躍，才能順利在原地連續跳躍。

花點心思玩遊戲&
培養身體感覺的好點子

跳繩

多人跳繩

傳接球

游泳

騎腳踏車

如果孩子還沒辦法在固定的地點雙腳跳的話，可以與大人面對面、手牽手，一起練習原地跳躍。此時，大人必須從下方支撐住孩子的雙手，免得孩子在跳躍時蹲下。

等到孩子漸漸能掌握平衡感之後，可以改為抓住大人的衣服，試著練習自己跳躍。要是沒辦法規律跳躍的話，不妨多練習彈跳床，來培養出孩子的節奏感。

要是孩子容易越跳越前面，建議在地板上用彩色膠帶標明界線，在雙腳應著地的位置做記號，便能幫助孩子留意要跳在原本的位置上。

等到孩子可以在原地跳躍後，可以用大跳繩擺盪出高低不同的弧度，讓孩子試著跳過繩子。

❶ 袋鼠跳

讓孩子踩進大塑膠袋裡，以雙腳跳的方式移動到目的地。這個遊戲一定要以雙手提住袋口、以雙腳跳的方式才能前進，因此可以幫助孩子練習到手腳的協調性。

❷ 滾棒跳躍

準備鼓棒之類的棒狀物品，丟在地上滾到孩子面前，讓孩子練習跳過棒子。

這個遊戲可以讓孩子練習讓身體配合其他物品採取動作。

 就算孩子踩到跳繩而失敗了，大人也不要責罵孩子，盡量讓孩子繼續嘗試、繼續玩。否則失敗的經驗會容易讓孩子聯想到挫折。

36 無法順利進入繩圈、跳不起來

相關的 感覺·功能 視覺 聽覺 前庭覺 嗅覺 皮膚感覺 深層感覺 運動計劃 運動等 視知覺 語言功能 執行功能

　　由於多人跳繩只需要讓每個人一一加入正在轉動的繩圈中，並不需要配合手部的動作，因此並不像單人跳繩般複雜。不過，在玩多人跳繩時必須用眼睛確認繩子的動向，同時也要側耳傾聽繩子打在地面上的聲音來掌握節奏，藉此計算出進入繩圈內的時機才行。此外，也必須有能力掌握繩子中央位置與自己的距離。

　　在運動能力方面，由於玩多人跳繩時必須先跑步再以雙腳跳的方式跳進繩圈內，接著又要立刻切換成跑步的動作，因此必須擁有迅速切換動作的能力才行。要是平時的姿勢就不夠穩定的話，可能很難學會多人跳繩。

其他場景的情形

☐ 可以盯著滾動的球，追過去把球撿起來嗎？
☐ 身體能夠配合音樂的節奏擺動嗎？
☐ 可以筆直地跑步嗎？
☐ 可以用腳尖跳躍嗎？

　　首先，雙眼必須要能緊盯著滾動的球，才能順利追著球跑，並把球撿起來。這項能力跟盯著繩子的動向，找出進入繩圈的時機很有關聯。此外，就像讓身體能配合音樂節奏擺動、有韻律感地打鼓等，在多人跳繩時節奏感也很重要。

　　為了不被繩子絆倒，也必須擁有保持穩定姿勢、筆直跑步的能力。在跳躍時要稍微彎曲膝蓋，以雙腳腳尖輕躍。要是太大動作跳躍，會使接下來的動作變慢，很有可能絆倒。

花點心思玩遊戲&
培養身體感覺的好點子

　　一開始先讓孩子從跳過靜止不動的繩子開始練習。接下來再練習跳過左右擺動的繩子，擺動幅度可大可小，擺動繩子的人可以依照孩子的能力調整速度與幅度，慢慢提升難度。接下來，先讓繩子靜止不動，在大人出聲的同時轉動繩子，讓孩子挑戰當場聽指令跳躍。建議可在地板上做記號，讓孩子保持往上跳，免得離開原地。

　　要是孩子難以理解該在什麼時間點跳躍，可以找一位跳得很好的孩子，讓他們面對面、手牽手一起跳。也可以用出聲提醒的方式指導孩子跳躍的時機。若是想要挑戰進入正在轉動的繩圈，不妨從轉動跳繩的人旁邊進入繩圈，會比較容易掌握進入繩圈的時間點。

❶ 鑽過跳繩

　　讓孩子練習通過正在轉動的繩子，這麼一來就比較能掌握進出繩圈的時間點。建議在繩子中間綁上鮮豔色手帕，便能將繩子的動態看得一清二楚。此外，也可以在經過的路線上做記號，能讓孩子更容易挑戰。大人可以一邊出聲提醒、一邊輕拍孩子的背部，提醒孩子正確的時機點。

❷ 跟鐘擺賽跑

　　將一顆球固定好繩子，從天花板上懸垂下來，當球擺動到孩子這一側時，讓孩子用手拍回去。這個遊戲可以讓孩子用眼睛緊盯著球的搖晃動向；萬一球快要打到身體，也要提醒孩子記得閃避，別讓球打中自己。

 請留意繩子的長度與擺動方式（速度與幅度等）是否適合孩子，這點非常重要。要是孩子無論如何都不願意嘗試的話，則可以讓孩子擔任擺動繩子的角色、負責數繩子的擺動次數，或是幫忙拍攝其他小朋友跳繩的模樣等等，讓孩子保有參與感。

37 很難接到球

　　在接球時，最重要的就是一定要緊盯著對方投球的動向。在一個空間內必須要能了解自己與對方的位置，才能掌握彼此之間的距離。還有，眼睛也要牢牢盯著球看，才能掌握好向自己飛過來的球的速度與軌跡。要是無法掌握上述這些條件，便有可能在球飛過來的時候將身體直直對準球的方向，或是手足無措不知道該擺什麼姿勢才好，等到球真的飛過來時自然難以接住。

　　此外，接球時必須配合時機微調姿勢，像是稍微彎曲膝蓋，並稍微將手臂往後縮一點。要是無法順利做出這些連續的動作，就會與球失之交臂了。

其他場景的情形

☐ 走在人群中時，能夠不撞到別人嗎？
☐ 對別人感興趣嗎？
☐ 可以控制力道嗎？
☐ 可以靈活運用雙手嗎？

　　走在人群中時，必須利用雙眼注意迎面而來的人，才能保持不撞到別人。而且還要擁有身體概念，才能掌握自己與別人之間的距離及空間，及時閃避他人。在接球時也是一樣，雙眼注視的能力與身體概念相當重要。

　　此外，在接球時也必須依照球的重量與觸感來調整接球的力道。若是左右手的力量不均，或是不會調整力道強弱的話，當然也會接不到球。

花點心思玩遊戲&
培養身體感覺的好點子

　　一開始先讓孩子玩滾地球吧！若是孩子不善於掌握距離感，每次都會離開原地的話，建議可以在孩子腳下鋪一張地墊，明確標示出位置。接球時，要將雙手打開超過肩膀的寬度，就好像用抱的一樣把球接住。先從大一點的球開始玩，距離也要由近再慢慢拉遠，慢慢提升難度。

　　接下來，可以在近距離丟球，丟球前要說：「1、2、3」，讓孩子有心理準備要開始緊盯著球的動向，並意識到擺出接球的姿勢。先從氣球這種慢慢飄移的球類開始練習，應該會收到不錯的效果。色彩方面建議使用三原色的球，會比較容易吸引注意力。

　　若是球很容易彈開的話，建議準備一顆稍微放掉一些氣的大球讓孩子練習。等到孩子可以接住之後，再換成普通的球，以彈跳的方式讓孩子在胸口前方接住，如此一來就能加強孩子用身體配合球的概念。

① 用籃子接球

　　讓孩子手上拿著一個與肩同寬的籃子，接住朝自己飛過來的沙包。這個遊戲可以讓孩子練習到以雙手做出預備姿勢，一邊緊盯著球的動向、一邊配合球的方向移動身體。

② 在溜滑梯練習接球

　　讓孩子在溜滑梯下方練習接住滾下來的球，這麼一來孩子很容易就能預測球的軌跡。接下來可以從更高的地方把球推下去，讓球滾得更快，慢慢提升難度。

 重點 請依照孩子的情況來挑選適當大小、重量、硬度與顏色的球。一開始大人要先抓住時機，出聲提醒孩子：「1、2、3」、「要丟囉！」，讓孩子能做好準備擺出接球的姿勢。此外，大人也可以站在孩子後方握住孩子的雙手，跟孩子一起接球，讓孩子體驗到接球的動作。

38 無法順利把球投出去

投球的動作發展可以分成好幾個階段，分別是只用手把球投出去、一邊扭轉身體一邊投球、跨出一腳投球、一邊移動身體重心或扭轉身體，將手高舉到頭上把球投出去等等。想要有效率地投出有力的球，首先一定要能夠維持姿勢平衡，以及組合複雜動作的能力。

此外，在孩子還沒出現慣用手的初期階段，只會以某一隻手抓住球，再把球丟出去而已。等到孩子固定使用慣用手後，就會開始在投球時連帶扭轉身體。此時會以慣用手來投球，而另一隻手則負責保持身體平衡。沒辦法順利把球投出去的孩子，可能是因為不太會做出連續的複雜動作、無法掌握與對方之間的距離，或是不善於調整力道的緣故。

其他場景的情形

- ☐ 對別人感興趣嗎？
- ☐ 雙手可以擺出剪刀、石頭、布的動作嗎？
- ☐ 用手拿著壽司享用時，可以不捏壞壽司嗎？
- ☐ 出現慣用手了嗎？

在玩傳接球時，最重要的就是必須要注意對方的動向。因為在投球時最大的目的就是要讓對方接得到球，要是孩子對別人不感興趣，就不會重視這個目的，玩傳接球自然不會順利。此外，無法掌握距離感、難以拿捏力道輕重的話，就算與對方的距離很近，也有可能會投出力道太強的球。若孩子還沒有出現慣用手的話，便只會使用與球距離較近的手來投球，自然會顯得笨拙生硬。

花點心思玩遊戲&
培養身體感覺的好點子

　　投擲動作其實是放置動作的延伸，因此一開始可以先練習從把球丟進籃子裡。先將籃子放在雙手碰得到的距離，再慢慢拉開距離，讓孩子培養出「要把球丟進籃子裡」的概念，慢慢累積「投進了」的成功體驗是非常重要的一環。在反覆練習的過程中，孩子就會慢慢學會用手投球的感覺。至於球的大小，一開始先用孩子單手抓得住的尺寸比較合適。

　　實際上在玩傳接球時，一開始要面向對方，一手拿著球並伸出另一邊的腳開始投球。有些孩子在投球時不知道該如何讓手臂一起做出配合投球的姿勢，因此無法順利將球投出去。這樣的孩子可以請他伸直手臂，將手臂高舉到頭上後再投球，這麼一來手掌方向自然就會往前，便能順利投出球了。

❶ 把球丟進籃子裡

　　讓孩子練習把球丟進籃子裡玩吧！大人拿著籃子時，應配合球的動向移動籃子，增加孩子的成功經驗。

❷ 用毛巾擊倒目標物

　　讓孩子握住毛巾一端，以單手投球的方式由後往球揮動手臂，就像在甩鞭子一樣，利用毛巾鞭子擊倒目標物。

　　另外，也可以讓孩子玩紙甩炮，練習揮動手臂。

 在玩傳接球時並不需要太在意投球的姿勢。若是全身會失去平衡，或是難以做到全身協調動作的話，則可以讓孩子坐在椅子上投球。

39 不喜歡把臉浸到水裡

相關的 感覺・功能 視覺 聽覺 前庭覺 嗅覺 **皮膚感覺** 深層感覺 運動計劃 運動等 視知覺 語言功能 執行功能

　　水的溫度、水壓、阻力、浮力等各種因素，會讓孩子對於水產生不安或恐懼感。不喜歡進入游泳池的孩子，大多是因為討厭浸泡在水裡的感覺，或是在淋浴時會對水壓的刺激感到疼痛等，比較偏向感受方面的障礙。

　　此外，耳朵與鼻子進水也會讓孩子感到很不舒服，曾被水潑到眼睛，在游泳池裡喝了好幾口水而喘不過氣來，甚至是以前曾有溺水、被別人硬是推進水裡的經驗，都有可能造成孩子對游泳池產生心理創傷。

　　上述列出的幾項原因，包括對水的特性感到畏懼、不擅於控制呼吸，都是造成孩子怕水的主因。

其他場景的情形

☐ 會洗臉嗎？
☐ 可以閉氣嗎？
☐ 可以淋浴嗎？
☐ 用手遮住眼睛時會害怕嗎？

　　在洗臉時閉氣，以及在用蓮蓬頭洗頭時為了不讓水流進鼻子，都需要會用嘴巴呼吸。要是不善於控制呼吸，就會感到喘不過氣來、弄得手忙腳亂。

　　此外，為了不讓眼睛進水而閉起雙眼時，便無法掌握外在的情況，這也會使孩子感到不安。

花點心思玩遊戲 &
培養身體感覺的好點子

在日常生活中，就從洗臉開始練習吧！先以濕毛巾擦臉，此時也可以讓孩子練習閉氣。接著可以慢慢增加濕毛巾裡的含水量，慢慢提升難度。

在泡澡時，可以讓孩子以單手捏住鼻子、讓臉部浸泡到水裡，或是閉起嘴巴讓頭部慢慢往下浸泡到水裡，直到上唇的位置，讓孩子只以鼻子呼吸，像這樣一步一步提升難度，便能漸漸消除孩子的恐懼感。

在沖澡時也可以用少量的水、較小的水壓，讓孩子以站著的姿勢低頭看腳尖，從孩子的背後慢慢淋水到頭上。此時要注意蓮蓬頭的溫水是否有從臉龐左右流下來，不要流進眼睛裡。同時也要指導孩子稍微張開嘴巴、冷靜地保持呼吸。

❶ 水槍

利用美乃滋空罐、洗潔精空瓶裝水，製作成水槍。可將空寶特瓶排成一列，與其他小朋友一起用水槍比賽擊倒空瓶。一開始可以讓孩子從水桶裡裝水，等到比較熟練後就可以直接從游泳池裡裝水來玩。

❷ 嘴裡含水做鬼臉

在泡澡時可以跟孩子一起玩嘴裡含水做鬼臉的遊戲，看誰先笑、把水噴出來就輸了。等到孩子漸漸習慣把臉浸泡在水裡後，則可以讓半個頭都浸泡在水裡，留鼻子在水面上呼吸，繼續玩做鬼臉的遊戲，這樣也可以練習到閉氣。

噗嚕噗嚕

 重點 若是硬逼怕水的孩子玩水，只會造成更深的心理創傷，請從孩子可以輕鬆自行挑戰的程度開始練習，再慢慢增加難度。此外也要記得教孩子戴著泳鏡時該如何用手擦拭掉上面沾附的水。

40 不喜歡身體在水裡不穩的感覺

| 相關的
感覺・功能 | 視覺 | 聽覺 | **前庭
覺** | 嗅覺 | 皮膚
感覺 | **深層
感覺** | 運動
計劃 | 運動
等 | 視知
覺 | 語言
功能 | 執行
功能 |

　　由於水裡有浮力，會讓身體變得比較輕，但另一方面雙腳也很容易從池底浮起來，因此不容易保持平衡。此外，跟平常的空氣相比，在水裡時的阻力也比較強，會讓人覺得難以行動。

　　尤其是不喜歡臉部觸碰到水的孩子，當身體無法保持平衡時更容易變得手忙腳亂、更用力揮舞手腳，便會感受到更強烈的阻力，便陷入了無法好好控制身體的惡性循環。

　　為了讓孩子可以放心地進入水中，最重要的就是培養孩子將臉浸入水中的能力，不那麼害怕水的阻力與流動。

其他場景的情形

- □ 喜歡玩盪鞦韆等會搖晃的遊具嗎？
- □ 能單腳站立嗎？
- □ 可以讓臉部碰到水嗎？
- □ 會閉氣嗎？

　　因為在水裡比較不容易保持平衡，感覺到身體往旁邊倒時，必須利用腹肌與背肌的力量導正姿勢。因此平時在盪鞦韆上必須要能維持姿勢，單腳站立也要能維持平衡才行。

　　此外，由於身處水中時很難用雙眼來判斷自己的身體情況如何，因此身體概念非常重要像是，接觸到水的感覺、感受手腳相對位置的感覺，以及保持平衡的感覺等。此外，屏住呼吸讓臉部碰水，或是浸入水中時會感到害怕的話，就容易在全身用力，反而會更容易感受到水的阻力，讓身體更難隨意動作。

花點心思玩遊戲&
培養身體感覺的好點子

一開始先讓孩子在浮力較少的淺池中走路、跑步，感受水的阻力與流動，練習在水裡控制自己的身體。不妨在游泳池中放進許多小球，讓球漂浮在水面跟孩子一起玩遊戲，應該會是不錯的方法。

為了使孩子可以讓臉龐觸碰、浸入水中，可以利用風車來練習呼吸。將風車放在嘴巴前方，讓孩子用嘴巴吐氣。當風車轉動時，大人可以在一旁說：「呼～」教孩子吹氣，再說「吸」教孩子吸氣。

等到孩子都可以做到之後，接下來再讓孩子在低下頭時「呼～」、抬起頭時「吸～」，慢慢提升練習的難度。

① 床單妖怪

讓孩子坐在床單上，大人抓住床單邊緣用力揮動，製造出空氣的波浪。此時在空氣製造出的阻力中，孩子會稍微移動身體保持平衡。如果就連床單蓋在頭上時，孩子也能保持平衡的話，就可以讓孩子蓋著床單玩，搖身一變成為床單妖怪。這個遊戲可以讓孩子體會到即使蓋著床單無法看清楚周圍的情況，也能了解身體的相對位置，同時也能練習保持平衡。在玩的時候，大人一定要好好在旁邊照看孩子，避免孩子受傷。

② 水中猜拳列車

在淺池中讓孩子們玩水中猜拳列車的遊戲。歌曲接近尾聲時，要與附近的小朋友玩猜拳，贏的人要站在最前面，輸的人要站在最後面，連接成一長串列車。讓孩子在跟其他小朋友玩遊戲時，一邊感受到水的阻力、一邊練習保持平衡。

剪刀、石頭、布

 在捏住鼻子的狀態下，讓嘴巴接觸水面，練習以「呼」、「吸」的節奏持續呼吸。不要讓孩子將整個頭部都潛入水中，在可以用雙眼確認周遭的狀態下會比較容易成功。

41 沒辦法浮在水面

相關的感覺‧功能 | 視覺 | 聽覺 | **前庭覺** | 嗅覺 | **皮膚感覺** | **深層感覺** | 運動計劃 | 運動等 | 視知覺 | 語言功能 | 執行功能

　　水母漂是所有泳式中的基礎，為了要漂浮在水面上，最重要的前提就是必須能無所畏懼地進入水中。此外，在水中調節呼吸也很重要。

　　就算雙腳離開泳池底部、身體呈現不穩的狀態，也要能夠依序調整手腳與頭部的位置來保持平衡，也就是要有能力維持水平的姿勢。另一方面，要能從漂浮的狀態依序移動身體回到站姿，也是重點之一。

　　尤其是在俯漂時，為了吸氣頭部必須離開水面，在雙腳踏不到池底的狀態下抬頭時很容易失去平衡，許多孩子都會在這個時候手忙腳亂，導致嘴巴與鼻子進水。

其他場景的情形

- ☐ 可以洗臉嗎？
- ☐ 站著或坐著時可以閉起雙眼保持平衡嗎？
- ☐ 可以抓住泳池邊緣，讓雙腳離開池底嗎？
- ☐ 吐氣時可以讓全身的力量都放鬆嗎？

　　在洗臉時必須要以閉氣、吐氣等方式來控制呼吸。潛入水中時可能會閉起雙眼，或是因為戴上泳鏡而使得視野變得狹窄，但此時還是要能掌握自己的姿勢，並調整姿勢保持平衡。此外，當雙腳離開池底時也不能慌慌張張，要有能力調整姿勢才行。先深呼吸讓肺部充滿空氣再潛入水中，人體上半身就會自然而然浮起來，此時必須調整頭部與手腳的位置才能維持上下半身的平衡。只要能在水中維持固定的姿勢就可以浮得起來。最後，放鬆全身的力氣也是很重要的一點。

花點心思玩遊戲&
培養身體感覺的好點子

讓孩子穿上救生衣，或使用救生圈，一開始不要讓臉部接觸到水面，先從漂浮的感覺開始體驗起。可配合孩子的情況，慢慢拆掉救生衣或救生圈，也可以讓孩子穿上「浮力泳衣」練習。

接下來，讓孩子抓住泳池邊緣，臉部朝下試著讓雙腳浮起來。此時臉部會觸碰到水面，稍微縮起下巴，雙腳就會自然漂浮起來。若是孩子無法順利做到的話，可以請一位孩子信任的大人拉著孩子的雙手，直接讓孩子的身體水平漂浮在水面，便能體驗到藉著水流使身體浮起來的感覺。要是孩子會排斥讓臉部接觸到水的話，則可以扶著孩子的背後，讓孩子嘗試仰躺在水面上的感覺。大人可以慢慢放開雙手，多練習幾次就能讓孩子體會到漂浮的感覺了。

抱膝式水母漂

深呼吸一口氣，將身體往前倒，讓臉部接觸水面，再慢慢讓雙腳離開池底；接著以雙手抱住膝蓋的姿勢漂浮在水面。

等到孩子慢慢習慣，能放鬆手腳的力量後，再嘗試完全伸直手腳的開放式水母漂。重新站起來的時候，順序是要先讓雙腳踩踏到池底後再立起身體，最後再抬頭。

尋寶遊戲

在深度約為孩子肩膀的游泳池中，讓孩子玩尋寶遊戲，找出沉在游泳池底部的高爾夫球。這個遊戲是藉由潛入水中來讓身體記住漂浮的感覺。

 重點 在水中會忍不住眨眼睛的孩子，請戴上泳鏡。若是臉部接觸到水面會覺得喘不過氣來的話，建議可使用呼吸管。此外，要是無法維持姿勢平衡便很有可能造成溺水，大人一定要待在孩子身邊，才能在危急情況下及時救援。

42 無法維持平衡

相關的
感覺・功能 視覺 聽覺 **前庭覺** 嗅覺 皮膚感覺 深層感覺 運動計劃 **運動等** 視知覺 語言功能 執行功能

有些孩子會因為一想到跌倒時會很痛，就覺得害怕騎腳踏車，因此一開始要先讓孩子的雙腳可以碰得到地面，藉此維持平衡。

當腳踏車開始前進時，龍頭就會變得歪歪斜斜，孩子必須要有能力讓自己維持在穩定的位置上，還有開始踩踏板後左右腳施加的力量可能都會有所不同，因此一定要擁有足夠的平衡感，才能應付上述狀況。等到孩子騎得越來越快時，也必須要有能力控制速度才行。

當孩子還在慢慢熟悉騎腳踏車的感覺時，雙眼會緊盯著雙手握把看，不自覺太用力握緊把手，這樣很容易會失去平衡，因此一定要提醒孩子看向前方來保持平衡。等到孩子可以筆直前進後，再教孩子在轉彎時可以將身體往想要轉彎的方向移動，便能保持平衡。

其他場景的情形

☐ 可以單腳站嗎？
☐ 喜歡玩盪鞦韆或彈跳床嗎？
☐ 會乘坐小汽車之類的車型玩具嗎？
☐ 騎有輔助輪的腳踏車時，可以騎得很快嗎？

若是孩子在日常生活中依然容易走路不穩，或是無法維持固定姿勢，要騎腳踏車還是太困難了一點。至少要能夠單腳站，可以享受盪鞦韆與溜滑梯等必須憑藉平衡感，並擁有速度感的遊戲後，才比較適合挑戰騎腳踏車。

跨坐在小汽車或三輪車上時，雙腳要能夠蹬著地面前後移動，就是騎腳踏車必備的平衡基礎。為了要順利拆掉腳踏車的輔助輪，可先讓孩子練習騎有輔助輪的腳踏車，慢慢熟悉騎腳踏車的感覺。此外，孩子本身想要拆掉輔助輪的心情也非常重要。

花點心思玩遊戲&
培養身體感覺的好點子

　　可以先讓孩子跨坐在穩定的小汽車上保持平衡，感受速度感，或是藉由操控遙控汽車來感受到成就感，便能加強孩子想要自己騎腳踏車的動力。

　　實際騎乘腳踏車時，可以先拆掉腳踏車的踏板，讓孩子用雙腳蹬著地面前進後退，來培養孩子的平衡感。若是一直盯著雙腳看，很容易會失去平衡而跌倒，因此要記得叮嚀孩子眼睛往前看。不妨在離孩子稍微有段距離的地方出聲呼喚孩子，或是在前方找一個目標物讓孩子注意看。速度比較快的時候，雙腳可以稍微抬起來飄在空中，反覆練習之後，孩子便能學會用腳煞車。若是孩子無法騎快的話，則可以找一個和緩的斜坡讓孩子練習看看。

 滑步車

　　由於滑步車比腳踏車更小、更輕，因此騎乘起來會更容易。先讓孩子跨在滑步車上直接走路，習慣後就可以坐上坐墊，慢慢讓雙腳離開地面。由於滑步車的速度越快、越容易保持平衡，因此可以體驗到雙腳都抬起來滑行的感覺。

 健身球

　　讓孩子坐在健身球上，等到孩子能夠保持一定的坐姿後，就可以試著抬起單腳，或挑戰將雙腳都抬起來。想要讓孩子練習將雙腳都抬起來的話，只要稍微讓雙腳離開地面一點點就好，才不至於跌倒。

 坐在腳踏車坐墊時，在稍微彎曲膝蓋的情況下雙腳依然碰得到地面，才是最適合孩子的高度。一開始練習時，要調整速度會很困難，大人可以從旁協助調整，同時也要指導孩子要用手壓住煞車把手。在一開始練習時，就要戴上安全帽、手套，並穿長袖長褲練習會比較好。

43 不會踩踏板

在孩子坐在腳踏車上踩下踏板之前，必須要先能穩穩地坐在座墊上才行。建議先學會如何煞車及操控龍頭後，再試著挑戰踩踏板。在這個階段，要先為孩子安裝上輔助輪，讓孩子體驗到順利踩踏板的感覺。

想要順利踩踏板，必須要先了解踩踏的方向及施力的方法。此外，讓雙腳協調地運動及維持姿勢的平衡也很重要。要是孩子不知道該往什麼方向用力踩踏，可能就會朝著比較輕鬆的反方向踩踏，或是只往前踩半圈、沒有踩到整整一圈。有些孩子則是因為雙腳沒有踩在正確的位置，踩到一半雙腳就離開了踏板，以至於踩得不順利。

其他場景的情形

☐ 可以單腳站嗎？
☐ 會跳躍嗎？
☐ 可以用左右腳交錯爬樓梯嗎？
☐ 可以規律地原地踏步嗎？

想要順利坐上腳踏車的坐墊，前提是必須要能夠單腳站，並保持整體姿勢的平衡。此外，在踩踏板時，也要能妥善控制踩踏的方向及力道。在跳躍與左右腳交錯上樓梯時也是一樣，必須依靠雙腳協調的動作，同時保持身體平衡，靈活拿捏雙腳前進的方向及力道。有時候當踩踏的位置不對，就算用力踩了踏板腳踏車依然無法前進。當右腳踩在踏板上時，從旁邊看起來右腳要踩在 2 點鐘的位置，接著再規律地用左右腳交錯施力，便能順利踩動踏板了。順帶一提，跟腳踏車比起來，三輪車的踏板會更難踩喔！

花點心思玩遊戲&
培養身體感覺的好點子

　　一開始先豎起腳踏車的立車架,讓孩子練習用雙腳踩踏板。把腳踏車的後輪停在水窪裡,再豎起立車架,這麼一來在踩踏板時水花就會往後飛濺,不妨可以讓孩子們比賽看誰可以把水花濺得最遠。別忘了提醒孩子,在踩塔板時不要只盯著腳尖,而是要朝前方看。

　　等到孩子完全掌握踩踏板的感覺後,可以讓孩子將右腳踏在踏板上,試著只用左腳蹬地面前進。若以腳板的前半部踩在踏板上,會比較容易前進。

　　在右腳用力踩踏板時,左腳也要同時蹬地面前進,等到右腳踏板轉到下方時,再換成左腳踩踏板施力,用右腳蹬地面前進。

① 滑板車

　　在操控滑板車時,與踩踏腳踏車的動作十分相像。讓孩子練習用單腳踏在踏板上,以另一隻腳蹬著地面順勢前進。

② 鐵罐高蹺

　　想要踩在鐵罐高蹺上順利前進,就要以雙手拉緊連接住鐵罐的繩子,並維持腳底緊貼著鐵罐的姿勢。若是雙腳沒辦法配合腳踏車由下往上的踏板方向,並一直緊貼著踏板的話,就無法順利連續踩踏板前進。藉由踩鐵罐高蹺的遊戲,培養出孩子連續踩踏板的感覺。

 重點 當腳踏車的速度過快,或是感覺快要跌倒時,一定要提醒孩子手壓煞車,讓腳踏車停下來後也要記得用雙腳踩在地上保持平衡。剛開始練習騎腳踏車時很容易會跌倒,請在平坦的土地上練習。由於草地過於柔軟,反而會不利於操控龍頭。

44 不會操控龍頭，無法筆直前進

相關的 感覺・功能	視覺	聽覺	前庭 覺	嗅覺	皮膚 感覺	深層 感覺	運動 計劃	運動 等	視知 覺	語言 功能	執行 功能

在騎腳踏時，要一邊用雙腳踩踏板、一邊用身體保持平衡，還要以眼睛確認周遭狀況，更需要用雙手來控制龍頭，必須同時進行 2 種以上的動作。

當腳踏車的速度較慢時，更需要好好維持平衡，這時一定要讓龍頭的方向維持筆直朝向前方。

在控制龍頭時，即使不刻意用雙眼確認雙手動作，也要能讓左右手協調地控制龍頭。此外，當腳踏車的速度較快時，如果想要轉彎的話，必須要讓身體偏向想要轉彎的方向，讓腳踏車稍微呈現傾斜狀態，所以平衡感也非常重要。

其他場景的情形

☐ 喜歡玩盪鞦韆或溜滑梯嗎？
☐ 會使用托盤端東西嗎？
☐ 能以雙手拿取較大的物品嗎？
☐ 可以牽著腳踏車移動嗎？

想要穩定地操控龍頭，其實需要一定的速度；因此平時能夠享受盪鞦韆與溜滑梯的速度感，對於騎腳踏車而言非常重要。

另外，在騎腳踏車時左右手必須均衡地控制龍頭同時進行 2 個以上的動作，這跟用雙手拿托盤端東西、或搬運大型物品是一樣的道理。為了讓腳踏車筆直前進，也必須要有能力在不騎腳踏車的狀態下牽車移動，這點也很重要。

花點心思玩遊戲 &
培養身體感覺的好點子

　　若是孩子左右手的力量有差距，或是在踩踏板時雙手也會一起用力的話，可以使用棍子或毛巾來做體操。利用報紙做出與肩同寬的紙棍，讓孩子用左右兩手分邊抓住紙棍兩端，將雙手伸往頭部上方或倒向前方做伸展操。跟毛巾比起來，使用紙棍能讓孩子更意識到要保持一定的幅度來伸展。

　　此外，也可以讓孩子幫忙推載有貨物的推車，也能體驗控制左右方向的感覺。如果是載貨用的單輪推車，則更需要高度的平衡感，因此若能使用單輪推車練習的話，便能更促進左右協調功能。鼓勵孩子在操控推車時，眼睛看向前方會更好。

① 滑板

　　讓孩子跨坐在滑板上，讓雙腳都乘坐在滑板，大人在後面幫忙推滑板前進。在轉彎時，滑板與腳踏車一樣都需要將身體偏向要轉彎的方向，因此可以練習到轉彎時的平衡感覺。

② 購物推車

　　帶孩子一起去超市購物時，可以讓孩子幫忙推購物推車。以雙手推著推車前進時，可以讓孩子體驗到筆直前進的感覺。

 重點　龍頭形狀

T 字型	雖然雙手可以在最自然的狀態下握住把手，但身體很容易變成前傾的姿勢。T 字型的龍頭很容易讓雙手伸直，因此就算是操控龍頭容易搖搖晃晃的孩子，也不會讓手肘有機會移動，反而比較容易保持穩定。
M 字型	由於 M 字型龍頭很符合剛開始起動腳踏車時的身體狀態，所以比較容易維持平衡。不過也因此手肘就有了可以彎曲、亂動的空間，儘管這種龍頭活動起來比較敏捷，但反而不適合操控龍頭會搖晃不穩的孩子使用。

45 不會煞車

相關的
感覺・功能 | 視覺 | 聽覺 | 前庭覺 | 嗅覺 | **皮膚感覺** | **深層感覺** | 運動計劃 | **運動等** | 視知覺 | 語言功能 | 執行功能

要是勉強用雙腳踩地煞車，很有可能會造成跌倒，因此還是需要練習使用雙手按壓煞車握把來煞車。

孩子必須要能掌握腳踏車的速度，同時確認周遭的情況、能夠預測即將到來的危險，才能夠在正確的時機按壓剎車握把；在按壓時，也必須要妥善調整雙手的力道。首先，要先確認孩子的手指是否能完整握住煞車握把；要是孩子的握力較弱的話，也有可能會握不住握把。

此外，剛開始練習時，很有可能會太用力握住煞車握把，造成急停急煞。請讓孩子慢慢學會以輕握煞車握把的方式來減速。

其他場景的情形

☐ 會玩猜拳嗎？
☐ 會吊單槓嗎？
☐ 可以在溜滑梯上慢慢滑下來嗎？
☐ 在人群混雜的場合中不會撞到別人，可以適時閃避或停下嗎？

在按壓煞車握把之前，必須先掌握周遭的情況、具備預測危險的能力。在日常生活中走路時孩子是否能及時閃避危險的人事物、在遇到危險之前先停下來，這點至關緊要。此外，按壓煞車握把就跟傳接球一樣，是否能掌握人與人之間的距離感也是關鍵之一。

按壓煞車握把可說是一種雙手的協調運動，也必須要能夠調整握力的強度。基本上在煞車時雙手都要同時握住煞車握把。在車速較快的情況下，若是只有按壓右手的煞車握把，會造成急停急煞，很有可能會往前傾倒，非常危險。反之，若是只有按壓左手的煞車握把，腳踏車還會繼續滑行。（註：由於日本是靠左通行的國家，因此腳踏車左右煞車的設計也跟台灣相反，在台灣左手的剎車握把會急停急煞、右手的煞車握把會繼續滑行）。

花點心思玩遊戲&
培養身體感覺的好點子

　　先豎起腳踏車的立車架，讓孩子跨坐在腳踏車坐墊上，直接觀察煞車是如何運作的。藉此讓孩子了解煞車握把的功能，進一步練習按壓煞車握把的感覺。等到孩子學會如何按壓煞車握把後，再讓孩子實際在騎腳踏車時嘗試按壓煞車握把。

　　一開始大人可以幫忙扶著腳踏車，保持腳踏車的平衡慢慢前進，讓孩子練習按壓煞車握把。

　　當孩子還沒習慣按壓煞車握把時，很可能會一直盯著雙手看，這麼一來便很容易失去平衡。因此建議在應按壓的位置上做一個醒目的記號，便能讓孩子一邊看向前方、一邊練習按壓煞車握把了。

① 噴霧手槍

　　在泡澡或玩水時，可以讓孩子使用噴霧按壓瓶來玩遊戲。藉由調整按壓的力道，把按壓噴霧瓶當成手槍來發射應該也不錯。

② 抓住棒子

　　準備一個保鮮膜用完後的紙筒，或是還沒削過的鉛筆等棒狀物品。大人先抓住棒子上方，讓孩子在下方準備接住。當大人鬆手時，孩子必須要立即反應並抓住棒子。這個遊戲可以加強孩子的注意力與爆發力。不妨可以替換不同長度與粗細的棒子，漸漸提升難度。

 重點　在練習騎腳踏車時，請務必要戴上安全帽與護具。為了避免撞到他人，請在附近人煙稀少的寬闊安全場所進行練習。若是孩子的手指沒辦法完全握到煞車握把，請調整煞車握把與把手之間的距離，確保孩子能完全握到煞車握把。

☺ 培養孩子自我肯定的能力

Self Esteem 在中文裡是自尊的意思，定義為自我能力和自我喜愛程度，也就是以正面肯定的方式看待自己。除了自尊心之外，也必須提升自我肯定的能力，這是一種當認為自己對別人有幫助時，會感到喜悅無比的一種感受。

另一方面，要能夠自我肯定，自尊心的發展可說是至關緊要。無論運動或學習方面表現得再好，要是完全沒有受到讚美與認同的話，就無法培養出「與自尊心一體兩面的自我肯定感」，當然也就難以將自己的能力發揮在學校或社會之中。反之，就算是運動或學習方面表現都不理想的孩子，若是自尊心有獲得良好的發展，無論是在學校或社會上都能適應得很好。

☺ 該如何提升自尊心？

為了讓孩子肯定自我、擁有自信地成長，必須要能主動嘗試挑戰各種活動，不畏懼失敗，就算失敗了也能當作下一次成功的基石。為了達成這個目標，當孩子在嘗試新事物時，父母不要過度為孩子設想，急於在旁邊出聲提醒或幫忙，因為過度保護或干涉孩子，會減少孩子體驗成功的機會，不利於培養出孩子的自尊心。

☺ 日常生活中的培養方式

就算不喜歡孩子在吃飯時把環境弄得很髒亂，父母也不要餵食，而應該在地板鋪上報紙等，營造出一個就算打翻食物也沒關係的環境，同時也要使用適合孩子的餐具，在不勉強的範圍內讓孩子自行享用餐點。換穿衣服也是一樣，當孩子想要努力自己穿上衣服時，就算一時之間穿不好也不要上前幫忙，暫時在旁邊看著就好。孩子不會穿的部分不要直接幫他穿，可以幫忙扶著孩子的手，教孩子該怎麼穿，這樣比較容易讓孩子獲得成就感。

此外，也可以讓孩子在做得到的範圍內試著幫忙做家事，例如在用餐前幫忙端碗盤，就算不小心打翻在地上，也要記得肯定孩子願意幫忙的行為，這就是關鍵所在。在日常生活中賦予孩子任務，當孩子進行任務時要給予肯定與讚美，便能培養出孩子的自尊心。

☺ 對自己的身體有怎麼樣的認識呢？

　　所謂的身體概念指的是，一個人有意識地掌握自己的身體印象。與身體概念類似的詞彙還有「身體圖像」、「身體基模」等，不過這些通常指的是在潛意識中掌握的身體印象。

　　無論是有意識或潛意識，都要能掌握自己身體的動向，例如手腳位置與身體面對的方向、傾斜程度等，才能靈活自如地參與各種活動與運動。一旦這些身體概念失調，在運動時要掌控手腳的動作、身體傾斜程度、決定運動方向等都會造成非常大的影響。

☺ 該如何讓身體概念順利發展？

　　身體概念是由幼兒期運動經驗獲得的感覺，以及確認自己運動得到的結果中獲得發展。

　　舉例來說，只要知道自己伸長雙手可以摸到哪些範圍，就能知道自己雙手的長度，同時也能了解該怎麼動作才能觸碰到目標物。如當觸摸到水時，可以意識到這是自己的指尖；在玩沙時每一根手指之間感受到沙子的觸感，便能掌握自己手指的寬度。

　　當孩子的身體概念獲得提升後，就算不盯著雙手看，也能扣好胸前的扣子；當背後有異物時可以掌握異物的位置、要用哪一隻手可以順利拿下異物。

　　此外，就算是在日常生活中經常撞到別人、在平坦道路上也經常走路不穩的人，也可以順利做到翻筋斗與倒立。因為只要知道自己該把手放在哪裡、身體該怎麼動作，在有意識的狀態下進行就可以辦得到。由於在日常生活中大多數的動作都是在無意識的狀態下進行，因此就算可以做到有意識的動作，但還是會很容易走路不穩或是撞到別人。

☺ 身體概念較弱的孩子

　　不擅長接收感覺的孩子，可能是因為還沒擁有正確身體概念的緣故。

　　舉例來說，難以察覺自己看不到的背後，或是在投球時無法從上方投出。要是難以察覺到手部關節與皮膚感受到的刺激，自然也不會聯想到雙手動作的感覺，結果就變成儘管活動量大，卻無法培養出身體概念。

要是孩子不擅長運動的話，不只要留意運動功能，也有可能是身體概念失調的關係。

　　要讓身體概念獲得發展，最重要的就是必須正確地接收感覺，不光是手腳的感覺而已，還有聽覺與視覺等能正確了解成果的感覺也很重要。

　　所以，必須藉由肌膚接觸來累積接觸身體的經驗，還要主動嘗試觸摸各種物品，並察覺到身體如何動作最是至關緊要。

　　接下來可以透過各式各樣的活動，讓孩子體驗到身體的各種動作、以及隨之而來的感受。會運用到全身的運動、或是到公園玩遊具，應該都會很有幫助。

2

運用指尖的
感覺·運動遊戲

　　運用指尖的細微動作，我們稱之為「精細動作」。由於精細動作會對大腦發展帶來很大的影響，因此一般也認為練習精細動作可以提升孩子的智能。在此要介紹的是以坑遊戲的方式來訓練精細動作。

　　從使用剪刀、膠水等基本動作開始，一直到口風琴等較困難的 8 種遊戲都包含在內。

　　同時也配合失敗的場景，解說在觀察孩子時應注意的重點，並一一介紹能培養孩子感覺與功能的遊戲。

46 討厭觸摸黏土

在觸摸黏土時，會感覺到冰涼、濕潤、Q彈、軟爛等在平常生活中不容易感受到的觸感。由於黏土柔軟的特性，只要用力一握，黏土就會從指尖被擠出來，用指尖抓捏黏土更有可能會夾在指甲隙縫中，全都是孩子不曾想像過的觸感。

若是使用油、麵粉、米穀粉製成的黏土，會散發出一股獨特的味道，雙手也可能會沾染上這股氣息。有些孩子可能是因為不喜歡黏土的觸感與味道，才會排斥玩黏土、不願意觸碰黏土。

其他場景的情形

☐ 可以玩會弄髒手的遊戲（玩沙、膠水）嗎？
☐ 會使用毛巾或手帕來擦拭雙手嗎？
☐ 能夠抓住單槓或立體格子鐵架嗎？
☐ 在玩遊戲時會在意味道嗎？

不喜歡獨特觸感的孩子，通常不喜歡玩會弄髒雙手的遊戲，像是玩沙，或是在勞作時使用膠水、膠帶等黏黏的物品。此外，也可能會排斥戴手套、用毛巾擦手，以及單槓等金屬材質特有的冰涼感。

若是孩子有特別不喜歡的觸感，可能會因為無法靈巧地拿東西而讓手部動作顯得很笨拙，在拿取物品時戒慎恐懼，導致沒辦法牢牢拿好，拿取與移動的方式都會顯得笨手笨腳。另一方面，若是孩子有特別討厭的氣味，可能會對於味道比較敏感，只要感覺到一點點討厭的味道，就很有可能不敢觸摸該物。

花點心思玩遊戲＆
培養身體感覺的好點子

若是對觸感比較敏感的孩子，可以花點心思調整一下黏土的硬度與乾度，塑造成孩子比較能接受的觸感。

一般的油性黏土觸感偏冰涼、Q 彈且柔軟，麵粉黏土則比較容易變得乾硬、化成碎粒，米黏土的質地 Q 彈柔軟且延展性佳，太白粉黏土的黏性較強，容易沾附到雙手，依照黏土的種類不同，觸感也各有特色。最重要的就是要先詳加了解各種黏土的觸感，再考慮孩子的需求，給孩子適合玩的黏土。

此外，也別忘了讓孩子選用自己喜歡的顏色，加強孩子想要觸摸黏土的動機。

❶ 讓孩子摸著玩

不要拿像是黏土這種孩子無法預測觸感的物品，建議拿好幾種各式各樣的布料或彈珠等形狀不會改變的物品，給孩子摸著玩。讓孩子體驗到多元化的觸感，對雙手帶來觸覺上的刺激。

❷ 用哪裡觸摸呢？

若是不喜歡黏土觸感的孩子，可以先將黏土放在孩子的手背上，再讓孩子緊握黏土、敲打黏土，或用指尖摳摳看黏土，找出孩子可以接受的觸摸方式，一點一滴讓孩子慢慢習慣黏土的觸感。

此外，也可以戴上手套、或使用小工具來觸摸，以各種方法讓孩子嘗試觸摸黏土吧！

重點 即使是沒有氣味的黏土，經過多次使用後，也會因為手上的汗水與髒污而沾染上難聞的氣息，因此請隨時確認黏土的狀態。另外，像是麵粉黏土及米黏土等採用食品原料製成的黏土很容易發霉，請務必多留意保存方式，也千萬別讓孩子誤食。

47 不擅長塑形

相關的
感覺‧功能

| 視覺 | 聽覺 | 前庭覺 | 嗅覺 | 皮膚感覺 | 深層感覺 | 運動計劃 | 運動等 | 視知覺 | 語言功能 | 執行功能 |

黏土可以捏塑出各式各樣的形狀，是一種可以培養孩子的想像力、將想像化作現實的遊戲。無法靈巧捏塑出形狀的孩子，可能是手部力道不夠，或是不知道該怎麼捏塑的關係。

有些孩子即使眼前有示範的成品，卻還是捏不好形狀，可能是因為光顧著看作品的細節部分，卻忽略了整體構造的緣故；也有可能是不太擅長觀察深度、高度、大小等跟立體空間有關的細節。

另一種情況是，雖然孩子能夠觀察出形狀，但是卻不知道該用什麼方式捏塑才好，導致捏不出理想的形狀。

其他場景的情形

☐ 可以拿好細小的物品嗎？
☐ 畫畫時會容易折斷蠟筆或鉛筆的筆芯嗎？
☐ 會玩積木、著色遊戲或拼圖嗎？
☐ 會收拾物品嗎？

要是不知道該怎麼運用雙手的話，在操作工具時會顯得非常笨拙。若是不擅長控制力道的孩子，在畫畫時會不小心太用力，導致筆芯容易折斷，當然也沒辦法輕手輕腳地堆好積木。

萬一孩子不擅長觀察形狀的話，可能會無法看出著色遊戲中哪裡已經塗過同樣顏色，玩拼圖時也很難觀察出拼圖應該拼在什麼位置。此外，若是不擅長觀察立體深度或大小，平時可能會無法將玩具收納至玩具箱中，或是不容易找到玩具。

花點心思玩遊戲&
培養身體感覺的好點子

　　不知道該如何運用雙手、控制力道的孩子，可以先從積木或橡皮擦等較硬的物品開始，練習用雙手搓圓的動作。

　　另一方面，大人也可以先將黏土搓圓後再放到孩子手上，接著大人再示範如何將黏土壓扁、拉長、揉捏、全部整形等動作。

　　如果孩子不擅長觀察形狀的話，可以讓孩子把黏土黏在各種積木上，或是讓孩子自由發揮，再一一詢問孩子：「這是什麼形狀？」、「這邊變成什麼形狀了？」、「哪一個比較大呢？」，讓孩子仔細觀察確認自己做出來的形狀，培養孩子觀察形狀的能力。

❶ 模仿同樣的形狀

　　讓孩子動手模仿大人做出的形狀，或是讓孩子找找看一樣的形狀，藉此培養孩子觀察形狀的能力。若是立體形狀對孩子而言比較困難的話，也可以使用模具，讓孩子做出跟大人一樣的形狀。

　　大人在捏塑黏土時要讓孩子在一旁觀摩，孩子才能學會捏塑黏土的順序。

❷ 尋寶遊戲

　　先將彈珠或玩具藏在各種形狀的黏土當中，大人在旁邊提示孩子：「在三角形裡面唷」，讓孩子從三角形黏土中找出彈珠。此外，也可以讓孩子跟大人交換任務，讓孩子捏出各種形狀的黏土，再將彈珠藏在黏土當中。此時孩子會為了想要找出彈珠而仔細觀察黏土的形狀，也會為了想要把彈珠藏好而努力控制雙手的力道與動作。

在三角形裡面唷

重點　要年幼的孩子看著成品捏出一樣的形狀原本就是一件很困難的事，要是無法捏得跟成品一樣，可能會讓孩子變得討厭玩黏土。應留意讓孩子模仿容易做出的大小，形狀也要簡單一點，當孩子在捏塑黏土時，大人要用手指指出該形狀的特徵，並指導孩子正確的順序。

48 不會使用工具（擀麵棍、模型）

在玩黏土時，會需要用到擀麵棍延展黏土、使用模型塑型、用玩具刀切絲等，可以訓練到雙手的動作，並練習操作工具。

若是對於手部動作的想像力較弱、不知道雙手該如何動作、不了解塑型順序，或是不清楚左右手各自該負責哪些動作（一手按壓黏土、一手負責操作），在使用工具時就會顯得笨手笨腳。

此外，要是握力與捏力等手部力量較弱，要拿好工具操作當然也會變得相當困難。

其他場景的情形

☐ 可以流暢地彎手指數數字嗎？
☐ 可以擰乾毛巾嗎？
☐ 出現慣用手了嗎？
☐ 可以自己摺衣服嗎？

要是孩子對於手部動作的想像力較弱的話，平時在扣釦子、拉拉鍊或使用筷子等手指的精細動作時也會遇到困難。此外，也可能無法單獨活動每一根手指、大拇指無法一一觸碰其他手指。若是手部力量較弱的話，平時會無法確實將毛巾擰乾，沒辦法拿好細小的物品。在孩子還沒出現慣用手的階段，可能會無法牢牢壓住物品，操作工具時會顯得笨手笨腳。此外，要是孩子不擅長思考順序，可能會無法摺好衣服及沒辦法收拾物品。

花點心思玩遊戲&
培養身體感覺的好點子

　　為了培養出孩子對於手部動作的想像力，建議讓孩子多玩一點可以使用到雙手的遊戲。像是在玩黏土時不使用任何工具，直接用雙手將黏土搓圓壓扁，或是玩沙、玩水等，讓雙手與手指獲得大量的觸覺刺激，便能培養出孩子對手部動作的想像力。

　　另一方面，在日常生活中也充滿了可以讓手指進行精細動作的活動，像是扣扣子、綁鞋帶等，記得選用孩子容易操作的材質與大小，讓孩子自己試著完成這些步驟。

　　此外，想要培養出雙手的力量，最重要的就是先訓練出手臂與肩膀的力量，以及維持身體姿勢的力量。

❶ 擀平黏土比賽

　　不要拿像是黏土這種孩子無法預測觸感的物品，建議掌好幾種各式各樣的布料或彈珠等形狀不會改變的物品，給孩子摸著玩。讓孩子體驗到多元化的觸感，對雙手帶來觸覺上的刺激。

❷ 嘗試各種方式玩黏土

　　像是將黏土捲在擀麵棍上、把黏土填滿餅乾模具等，黏土的玩法可說是千變萬化。以孩子容易操作的方法來使用工具，可以讓孩子學習到工具的拿法與使用方式。

 在百元店裡販售的烹飪工具，也很適合用來玩黏土。在孩子使用工具玩黏土時，大人可以在旁邊幫忙一起操作工具，指導孩子雙手的動作、該如何控制力道，以及使用的順序。

拼圖

積木

摺紙

剪刀

膠水

49 不知道要對準哪裡拼拼圖

相關的 感覺·功能　視覺　聽覺　前庭覺　嗅覺　皮膚感覺　深層感覺　運動計劃　運動等　視知覺　語言功能　執行功能

在玩拼圖時，必須要能清楚辨別每一片拼圖的形狀與顏色，並從形狀與顏色中想像整體圖畫的樣貌，觀察拼圖的細節找出該對準哪裡拼上去，同時還必須思考拼圖的順序，能培養到各式各樣的能力。

要是不擅長上述這些步驟，可能就會不知道該把拼圖拼在哪裡才好。

建議大家應選擇適合孩子發展程度的拼圖，大人也要在旁邊稍微幫忙，讓孩子能開開心心地玩拼圖。

其他場景的情形

☐ 可以找得到東西嗎？
☐ 可以自己摺衣服嗎？
☐ 會玩著色遊戲嗎？
☐ 會玩聯想遊戲嗎？（例如：紅色的、圓形的食物是什麼？）

當孩子在玩著色遊戲時，若能分辨得出圖畫中的臉龐、服裝與背景，那麼在玩拼圖時應該也能夠想像手中的這片拼圖應該屬於哪一個部分。之後在比較兩張圖畫的不同時，也必須要能記得住兩張圖的特徵並進行比較才行。

若是孩子能依照聽到的言語來進行思考，例如當看到拼圖特徵時，大人在旁邊提示：「紅色的應該是蘋果吧？」那麼孩子便能有條理地判斷並分類。如果想要更進一步享受拼圖的樂趣，就必須要能夠思考拼拼圖的順序，知道應該先觀察整體拼圖的樣貌，再從角落開始拼。要是思考順序的能力較弱，平常可能會容易找不到東西，或是在找東西的過程中不斷被別的東西吸引注意力，最後什麼都找不到。此外，也可能不會自己摺衣服，沒辦法有效率地收拾物品等等。

花點心思玩遊戲＆
培養身體感覺的好點子

　　平常可以多讓孩子接觸黏土與積木來塑造出各種形狀，玩歌牌與著色遊戲讓孩子多看些圖案等，藉由各種遊戲培養出判斷形狀的能力。另外，也可以把拼圖全部拆開，當作紙牌來玩，例如：「找出 2 個紅色的拼圖」、「找出旁邊是直線的拼圖」等，培養孩子注意拼圖顏色及形狀的能力。

　　另一方面，想要讓孩子學會分類眼前的物品，不妨可以在扮家家酒時運用各式各樣的工具，或是在運動時使用各種球類與球拍等，讓孩子記住物品的形狀與顏色，在腦海中互相比較。在遊戲時也可以口頭上告訴孩子物品的形狀特徵，例如：「這是圓形」、「這邊有一個洞耶」、「這兩個的形狀好像喔」等等。

❶ 自行製作拼圖！

　　讓孩子自行畫出喜歡的圖案，貼在厚紙板上再剪成獨一無二的拼圖吧！因為是自己畫出的圖案，就算分開來也能輕易地想像整體樣貌，而且還能配合孩子的能力調整難度。在將拼圖剪開時，要從正中央直直剪開，讓孩子練習拼起來。等到孩子會了之後，再剪成更小塊的拼圖，也可以剪成彎曲的形狀，慢慢調整難度。

❷ 用拼圖來玩牌

　　把拼圖全部四散開來，像是在玩牌一樣，大人在旁邊出題：「找出 2 片紅色的拼圖吧！」讓孩子找出拼圖。接著，大人要將孩子找到的 2 片拼圖拼在一起，示範拼拼圖的方法與順序給孩子看。接著再要求孩子：「找出旁邊是直線的拼圖」，讓孩子找出特定形狀的拼圖。將所有上面有直線的拼圖蒐集在一起後，再試著拼出拼圖的邊框。

重點 先從片數較少、圖案較大的拼圖開始反覆練習。一開始，大人可以先實際拼給孩子看，指導孩子拼拼圖的順序，再留下最後一片讓孩子拼上去。此外大人也可以先將拼圖分類好（同樣圖案或同樣顏色），一邊給孩子提示、一邊陪孩子一起玩拼圖。

50 雖然知道要對準何處，但不知道方向要朝向哪裡

| 相關的
感覺·功能 | 視覺 | 聽覺 | 前庭覺 | 嗅覺 | 皮膚感覺 | 深層感覺 | 運動計劃 | 運動等 | 視知覺 | 語言功能 | 執行功能 |

在拼拼圖的時候，通常都會將拼圖的方向轉來轉去、看看是否能與旁邊的拼圖契合。要是孩子的雙手比較笨拙，要抓住拼圖再轉換方向可能不是一件容易的事：若是指尖無法拿好拼圖，而是用整個手掌握住拼圖的話，就會導致看不見拼圖的顏色與形狀，自然無法以正確的方向拼上拼圖。

此外，就算孩子知道應該要將拼圖放在哪裡，但要是不太會控制力道的話，可能會拼得太用力而導致旁邊的拼圖散開來，這也是造成失敗的原因之一。

其他場景的情形

☐ 可以靈巧地使用筷子或鉛筆嗎？
☐ 可以用手指拆開糖果的包裝紙嗎？
☐ 會疊積木嗎？
☐ 畫畫時會容易折斷蠟筆或鉛筆的筆芯嗎？

若是孩子的雙手不太靈活的話，便無法順利操作工具，而像拼圖這種比較小的物品，以及貼紙這種比較薄的紙張，就沒辦法順利地玩起來。另外，在玩積木時，指尖要能任意擺放積木後再放開積木，雙手必須要能控制力道，才能靈活地堆疊積木。

要是無法控制指尖與手臂的力量，在畫畫時也很可能會太用力而折斷蠟筆，使用鉛筆時也會太用力壓筆尖而使得筆芯斷裂。

花點心思玩遊戲 &
培養身體感覺的好點子

黏土

拼圖

積木

摺紙

剪刀

膠水

為了培養出孩子拿取較小物品的能力，最重要的就是要多讓孩子進行會使用到整隻手的活動，例如玩黏土或玩沙，還有會用到全身的遊戲，因為全身的運動也是鍛鍊手部動作的基礎之一。

運用指尖的精細動作不只有拼拼圖而已，在日常生活中像是扣釦子、拉拉鍊、拆開糖果紙，或是用雙手拿小巧的點心享用，都可以練習到指尖的精細動作。

另外，玩積木也可以讓孩子練習控制指尖與手臂的力量。還有撲克牌遊戲中的抽鬼牌，也必須在不折到撲克牌、不讓撲克牌掉落的前提下，輕巧地從對方手中抽出撲克牌，因此也能讓孩子練習控制指尖的力量。

❶ 形狀配對玩具

要是孩子還不會用指尖拿取物品的話，就先從形狀配對玩具開始玩起吧！當孩子在以各種角度旋轉積木來試圖填進凹洞，並將積木放進凹洞中時，便能學習到轉動指尖與手臂的方式。一開始先從○△☆這種左右對稱、無分正反面的形狀開始，讓孩子試著旋轉、翻到正反兩面跟凹洞配對，再慢慢進階調整難度。

❷ 磁性積木

巿售的磁性積木（Magblock或 MAGFORMERS，請參考 P197）由於造型非常簡潔、很容易掌握特徵，只要將兩片積木的邊緣互相靠近，就會以磁力結合在一起，可以轉變各種方向，製作出各式各樣的作品。而且輕薄小巧的積木也能讓孩子練習到如何用指尖拿取較小的物品。

 重點 當孩子還沒辦法靈巧地運用指尖時，建議使用有扶手的積木來練習，或選擇尺寸較大、較厚的拼圖。

51 無法按照範本拼積木

| 相關的
感覺・功能 | 視覺 | 聽覺 | 前庭
覺 | 嗅覺 | 皮膚
感覺 | 深層
感覺 | 運動
計劃 | 運動
等 | 視知
覺 | 語言
功能 | 執行
功能 |

對照著範本拼積木時，需要思考範本是由哪些積木組合而成，在為數眾多的積木中找出需要的部分，因此必須東看看、西瞧瞧找出積木，還要思考該以什麼樣的順序將積木組合起來。

如果孩子無法按照範本拼裝積木的話，可能是因為不知道該找出哪一塊積木來組合、分不清楚積木的大小與長短、在裡面與後方等看不到的部分就不知道該怎麼拼，或是不明白拼裝的順序等。

其他場景的情形

☐ 會收拾物品嗎？
☐ 會玩《威利在哪裡》、《I Spy 視覺大發現》等視覺遊戲書嗎？
☐ 了解大小、長短、粗細等形狀的概念嗎？
☐ 可以在立體格子鐵架上嘗試各種「玩法嗎？」

建議可讓孩子平常多練習找東西、玩歌牌，或是閱讀《威利在哪裡》、《I Spy 視覺大發現》等遊戲書，培養注意各個角落的能力，不僅好玩、也可以讓孩子在玩積木時順利找到跟範本一樣的積木。

就算是同樣形狀的積木，大小及高度也會有所不同，要找出跟範本一模一樣的積木，必須要能夠比較積木的大小與長度才行。另一方面，範本中看不見的部位或背面，則必須要能掌握立體形狀的概念，才能順利思考出正確的拼裝方式。那麼該如何培養孩子掌握立體形狀的能力呢？平時在公園玩遊戲時，不妨多鼓勵孩子攀爬、穿梭、橫跨在立體格子鐵架上，讓孩子一邊動動身體、一邊培養出掌握立體形狀的能力。

花點心思玩遊戲&
培養身體感覺的好點子

建議可讓孩子多玩需要注意多方面的遊戲，練習以各種不同的方式改變觀看的面向。

例如將黏土或沙子隨心所欲做出喜歡的形狀，或是閱讀鏡像繪本、立體繪本等，享受閱讀方式變化的樂趣。

在日常生活中也可以請孩子幫忙收拾物品、摺衣服，或是幫忙洗碗等，讓孩子觀察大人的作法再跟著照做，這樣也能培養孩子思考步驟順序的能力。

❶ 在公園玩尋寶遊戲

利用立體格子鐵架與溜滑梯等遊具，跟孩子一起玩尋寶遊戲吧！

為了找出寶藏，孩子必須爬上爬下、鑽來鑽去，在立體的空間中活動身體，並且留意陰影下與遊具背面等，可以培養孩子注意平常目光不會停留之處並多加思考。

❷ 問答遊戲

大人拿著同樣形狀但大小及粗細不同的積木，詢問孩子：「哪一個比較大？」、「哪一個比較細？」等，出題考考孩子。

也可以使用繪本或玩偶，問問看孩子：「哪一隻玩偶比較大？」、「哪一個動物比較高？」等，讓孩子在遊戲中學會形狀與大小的概念。

哪一個比較大？

 重點 在拼積木時，建議將積木的數量減少、準備淺顯易懂的範本，或是只準備跟範本一模一樣的積木，減少孩子尋找積木的壓力，便能更享受玩遊戲的樂趣。

52 沒有範本就不會拼積木

| 相關的
感覺・功能 | 視覺 | 聽覺 | 前庭
覺 | 嗅覺 | 皮膚
感覺 | 深層
感覺 | 運動
計劃 | 運動
等 | 視知
覺 | 語言
功能 | 執行
功能 |

在玩積木時，可以發揮想像力利用多種積木搭配組合，創造出各式各樣的形狀。可以把積木堆得很高，也可以橫向排列排得很長，規則非常簡單，因此即使是不太擅長構思靈感的孩子，也能輕鬆享受玩積木的樂趣。

不過，有些孩子可能會覺得，要把積木組成房子或動物的形狀是一件非常困難的事。

另外，也有些孩子不太擅長記住物品的模樣，想不起來房子或動物是什麼形狀，因此當然也難以利用積木來表現出這些物品的形狀。

其他場景的情形

☐ 會玩扮家家酒或模仿的遊戲嗎？
☐ 聽到物品的名稱時，可以解釋出那是什麼樣的東西嗎？
☐ 會畫畫嗎？
☐ 會玩聯想遊戲嗎？（例如：紅色的、圓形的食物是什麼？）

扮家家酒或模仿遊戲，是一種必須觀察出物品或人物特徵才能玩的遊戲（象徵遊戲）。象徵遊戲必須從遊戲與生活經驗中獲得靈感，也要能夠使用物品做出特定的表現。

這種象徵化能力會成為在學習文字時的基礎，也就是理解「實際存在的物品、插圖、文字都表示同一種物品」。畫畫也是一種能夠培養象徵化能力的一種重要遊戲之一，在拼裝積木時，使用顏色與形狀都跟實際物品不同的部分組裝成立體成品時，也很需要這種象徵化的能力。

花點心思玩遊戲&
培養身體感覺的好點子

黏土

拼圖

積木

摺紙

剪刀

膠水

　　讓孩子多玩各種象徵遊戲，來培養孩子的選擇力與表現力吧！在玩扮家家酒或戰爭遊戲時，讓孩子扮演各種不同的角色，或是由大人扮演馬匹，讓孩子跨坐在大人背上，也可以將椅子當作船來划，不妨利用家裡的各種物品讓孩子發揮想像力。

　　此外，聯想遊戲與猜圖案的遊戲，可以讓孩子在大腦中想像、思考，培養出在腦海中用言語思考的能力，可以當作是在玩積木時找出所需積木，以及思考組裝步驟的練習。

❶ 用積木來玩扮家家酒

　　不太擅長將積木組裝成具體形狀的孩子，首先可以先從一樣的顏色或形狀，一個個找出積木。將圓形積木當作蘋果、黃色積木當作香蕉、大的方形積木則當成桌子等，利用孩子熟知的物品來幫孩子分類，讓孩子順利選擇出正確的積木。

這是蘋果

❷ 積木猜謎遊戲

　　大人以口說的方式出題：「把三角形積木放在長方形積木上面，這樣會變成什麼？」將積木的組合方式告訴孩子，再讓孩子猜一猜這是什麼？將積木的組合方式與成品形狀連結起來，讓孩子學會如何用積木來表現出心中所想的物品。

這是房子

重點 各種顏色的積木可以讓孩子從顏色中獲得各種靈感，也更容易想到組裝的好主意，因此請準備各種容易讓孩子產生聯想的顏色與形狀的積木。

127

53 不會用手抓住、組裝、蓋積木

| 相關的感覺·功能 | 視覺 | 聽覺 | 前庭覺 | 嗅覺 | 皮膚感覺 | 深層感覺 | 運動計劃 | 運動等 | 視知覺 | 語言功能 | 執行功能 |

要並列、疊起積木，最重要的就是先能夠流暢地抓住並放開積木，並且要能控制雙手的力道，輕輕移動積木。

不僅如此，在注意放置積木的位置時，也必須留意不能讓雙手觸碰到其他位置的積木、避免撞倒已經排列好的積木，因此注意力要能夠同時分配到許多地方才行。

若是手指與手臂的動作不太靈活的話，就會導致只注意手部的動作與打算放置積木的位置，很容易就會撞倒其他地方的積木。

其他場景的情形

- ☐ 會玩人體推車的遊戲嗎？
- ☐ 畫畫時會容易折斷蠟筆或鉛筆的筆芯嗎？
- ☐ 可以轉開寶特瓶的瓶蓋嗎？
- ☐ 走路時會撞到別人或物品嗎？

肩膀的力量是手指與手臂的動作基礎，因此非常重要，此外，保持姿勢的能力也是關鍵之一。在玩積木時，手肘與手臂不會放在桌子上，而是會保持懸空的狀態在空中移動手臂，若是肩膀力量較弱的話，就無法流暢地移動雙手。另外，要是手指無法做出細微的動作，自然也沒辦法輕輕放開積木，更不用說組裝積木了。（註：前者的積木指的是一般形狀的積木，後者的積木指的是類似樂高般需要嵌合的積木。）

若是孩子無法同時將注意力分配到不同地方的話，在走路時就很容易會撞到別人或物品，在爬樓梯或玩立體格子鐵架時也很容易跌倒，甚至是撞到頭部。

花點心思玩遊戲&
培養身體感覺的好點子

在地上爬行或爬梯子時，必須以雙手支撐體重，因此可以鍛鍊到肩膀的力量與維持姿勢的力量。

建議可以讓孩子利用氣球當作排球來玩，或是玩其他球類遊戲，以及在白板上畫畫等，這些都是可以讓手臂一直保持懸空的遊戲，因此可以讓孩子練習控制雙手與手臂的力量。

在日常生活中，也可以請孩子幫忙端裝有冰塊的水杯，並練習輕輕放在桌上，也能讓孩子體驗到控制雙手與手臂力量的感覺。

❶ 氣球排球

將氣球當作排球，用雙手在空中托球，讓氣球一直維持在空中不掉落。這個遊戲可以讓孩子練習控制雙手與手臂的力量。

❷ 可以疊多高呢？

將大型積木、柔軟的玩偶、抱枕等雙手可以輕易抓起的物品，用雙手及手臂的力量慢慢疊起來，藉此練習控制雙手與手臂的力量。在玩這個遊戲時也能讓孩子學到，體積大的東西很難疊在較小的物品上方。

重點 若孩子不會輕輕放下積木、無法組裝積木（註：前者的積木指的是一般形狀的積木，後者的積木指的是類似樂高般需要嵌合的積木），建議可選擇磁性積木，或是不需太用力就能輕易組裝的積木。

54 不會按照步驟摺紙

| 相關的
感覺・功能 | 視覺 | 聽覺 | 前庭
覺 | 嗅覺 | 皮膚
感覺 | 深層
感覺 | 運動
計劃 | 運動
等 | 視知
覺 | 語言
功能 | 執行
功能 |

一般摺紙的步驟順序通常都是以插圖的方式，在摺紙圖形中央標示方向與摺線，但是並沒有明確畫出摺紙的方法與移動雙手的方式，因此必須自行想像摺法。

在摺紙時必須一邊摺、一邊對照範本，讓自己手上的摺紙摺得與範本一致，而且也要有能力想像摺法，以及理解摺紙的步驟。此外，很多圖形都必須按照正確的步驟摺才能完成，只要出了一點點差錯，就會無法連接到下一個步驟，對部分孩子而言並不容易。

其他場景的情形

☐ 可以比對兩張圖找出差異之處嗎？
☐ 會玩拼圖或積木嗎？
☐ 目光可以持續看往範本或手邊的物品嗎？
☐ 可以自己摺衣服嗎？

若孩子無法比對兩張圖找出差異之處的話，那麼在按照範本摺紙時，應該也很難找出自己摺的跟範本有何差異。建議可多練習拼拼圖或玩積木，將手中的拼圖改變方向找出正確的嵌合位置、多嘗試幾次對準邊緣，藉由重複嘗試的過程，可以讓孩子逐漸掌握到形狀的特徵，同時也能學會改變觀察的方式。

另一方面，要一直盯著範本看、理解摺紙過程，則需要有能力觀察差異，以及持續集中注意力。在日常生活中，可以讓孩子多練習摺手帕與衣服，跟摺紙的動作有類似之處。

花點心思玩遊戲&
培養身體感覺的好點子

建議讓孩子多看繪本或《I Spy 視覺大發現》（請參考 P197）等需要一直盯著看的書、玩找出兩張圖片不同之處的遊戲、照著範本畫畫，或是玩積木等需要一直觀察比較的遊戲。

摺紙的摺法說明基本上都會有固定的模式。若是出現：「摺成袋子再壓扁」、「只要摺一點點就好」這種光看範本難以理解的部分，就要請大人跟孩子一起先從基本的摺法開始練習。

❶ 幫忙摺紙的遊戲

如果是基本的摺紙步驟，像是：「對摺成一半」、「翻面」、「摺出摺線後再打開」，就讓孩子在幫忙家務時一邊練習吧！例如：「將手帕對摺成一半再翻面」、「把報紙對摺後幫忙拿一下」等，大人可以先以口頭指導孩子摺的步驟再讓孩子幫忙，這麼一來孩子也能更容易理解摺紙步驟的說明。

❷ 按照摺線摺紙

大人先將摺紙摺出摺線後，再讓孩子按照摺線來練習摺紙，這樣的話就算看不懂範本，孩子也能了解究竟該怎麼摺。

此外，大人也可以在旁邊摺給孩子看，當孩子不明白該怎麼摺時立刻指導孩子，讓孩子更加享受摺紙的樂趣。

 重點 由於年幼的孩子記憶力還尚未發展完全，指尖的精細動作也無法做得很靈活，因此摺紙時必須花很多時間、也無法牢記步驟。不妨以輕鬆愉快的方式，有耐性地反覆指導吧！

55 不會對齊邊角

相關的 感覺・功能	視覺	聽覺	前庭 覺	嗅覺	皮膚 感覺	深層 感覺	運動 計劃	運動 等	視知 覺	語言 功能	執行 功能

在摺紙時，若是不會對齊邊角的話，最後摺出來的成果就會變得不好看。想要對齊邊角，必須要用眼睛仔細觀察、同時雙手也要能靈活動作才行。

另外，左右手的分工合作（一隻手壓住紙張、另一隻手負責操作）也很重要，若是雙手無法各自做好該做的事，就算有對齊邊角，也很容易會摺歪，沒辦法摺出跟範本一模一樣的成品。

其他場景的情形

□ 會玩著色遊戲嗎？
□ 出現慣用手了嗎？
□ 在畫畫時會用一隻手壓住畫紙嗎？
□ 可以一手拿碗、一手用筷子吃飯嗎？

所謂的手眼協調能力，指的是一邊用眼睛仔細觀察、一邊以雙手正確操作的能力。在玩著色遊戲時，就必須使用到手眼協調能力，才能做到不將顏色塗出邊框外。

另外，左右手也必須要能各自負責不同的工作，才可以用一隻手壓住物品，再用另一隻手操作。

像是一手拿碗、一手用筷子吃飯，一手壓住畫紙、一手拿橡皮擦擦掉痕跡，或是一手拿紙、一手拿剪刀剪紙等等，在日常生活中有非常多時刻都需要左右手同時分工合作才能順利進行。

花點心思玩遊戲&
培養身體感覺的好點子

　　建議可在要對齊的角角蓋上同樣的印章，或是在要對齊的邊緣使用同樣顏色做記號，讓孩子更容易明白應該要把注意力放在哪裡。像是玩迷宮、連連看等遊戲，都可以練習手眼協調。

　　若想要讓孩子練習左右手同時進行不同動作的話，不妨讓孩子拿著報紙或畫紙，讓左右手往反方向施力，扯破報紙或畫紙。此外，也可以玩貼紙（一手拿整張貼紙、另一手負責撕起貼紙）、扮家家酒（一手按壓食物模型、另一手負責拿玩具菜刀切開食物），這些遊戲都能達到練習左右手操作不同動作的能力。若是孩子不太會壓住物品的話，大人可以在旁邊幫忙壓住，或是準備比較容易牢牢壓住的大小。

❶ 會好好摺衣物嗎？

　　平時可以請孩子幫忙摺毛巾，由於毛巾不容易滑動，還可以慢慢挪動對齊邊角，因此很適合用來練習。建議使用內外側顏色不同的毛巾，對齊邊角摺起來後，比較容易確認有沒有摺整齊。

❷ 不同大小、材質的紙

　　在百元商店及文具店裡，皆有販售大張色紙與和紙等各式各樣不同種類的紙張。像是和紙就屬於不太容易滑動的材質，比較容易壓住；大張色紙則比較容易看清楚邊角是否有對齊，請選擇孩子容易操作的紙張吧！

> **重點** 若是紙張放在桌子上容易滑動、不能好好固定的話，請在紙張下方鋪設止滑墊，會比較好摺。

56 沒辦法確實摺出摺線

| 相關的感覺・功能 | 視覺 | 聽覺 | 前庭覺 | 嗅覺 | 皮膚感覺 | 深層感覺 | 運動計劃 | 運動等 | 視知覺 | 語言功能 | 執行功能 |

　　若是指尖沒辦法確實施力按壓出摺線的話，摺出來的成果就會變得不好看，也沒辦法摺出跟範本一模一樣的成品。

　　為了確實摺出摺線，必須一邊留意左右手的分工合作（一手按壓紙張、一手負責操作），一邊用指尖捏住紙張，沿著摺線操作，利用食指按壓出摺線，並以其他手指分別配合食指的動作。

　　另一方面，就算指尖能確實施力，萬一太過用力反而會扯破紙張，因此也必須要能夠控制手指的力量、留意不扯破紙張才行。

裂開了

> ### 其他場景的情形

☐ 可以流暢地彎手指數數字嗎？
☐ 可以將食指立在嘴唇前，擺出「噓～安靜」的姿勢嗎？
☐ 用手拿著壽司享用時，可以不捏壞壽司嗎？
☐ 可以坐得直挺挺的嗎？

　　唯有每一根手指都能靈活運作，才能順利操作筷子與鉛筆，並流暢地彎手指數數字。如果當雙眼閉起來時，可以感受到別人觸摸了自己哪一隻手指，會比較容易想像手指的動作，能夠做到妥善地分配力量到每一隻手指、靈巧地活動每一隻手指。

　　若是孩子難以用指尖施力的話，在使用橡皮擦時可能就無法將橡皮擦牢牢抵住紙張表面；沒辦法控制指尖力道的話，拿壽司時則很容易會捏壞壽司。

花點心思玩遊戲 &
培養身體感覺的好點子

　　不只是指尖的捏力而已，其實在遊戲當中可以訓練到各種手部的力量，像是雙手的握力、支撐手臂的力量、保持身體姿勢的力量等等。此外，在捏住物品時手部的動作也很重要。要拆開零食包裝時，必須縮起無名指與小指，利用大拇指、食指與中指捏住包裝，才能順利拆開。由此可知，在五隻手指當中也有所謂的分工合作，分別擔任支撐與操作的重責大任。

　　在玩盪鞦韆與球類遊戲時，能獲得牢牢抓住物品的經驗，藉由這些經驗，可以讓雙手學會分工合作。此外，為了讓每一根手指都能靈活動作，擁有指尖運動的概念非常重要。像是在玩黏土或玩沙時，讓雙手感受到各式各樣的觸感，體會捏住各式物品的感覺，便能加強指尖運動的概念。

❶ 比賽拿彈珠

　　用手把彈珠、玻璃球、小珠珠等物品一個個拿起來，並放進另一隻手中。運用大拇指與食指捏住彈珠，並將中指、無名指與小指縮進手掌裡，比賽看誰可以放最多彈珠，這個遊戲連大人也可以一起玩。

❷ 摺各式各樣的紙

　　由於一般的色紙表面光滑，比較難讓手指感受到觸感，因此可選用和紙、厚紙板、毛巾或薄海綿等，比較容易讓指尖感受到觸感。此時，不只是用指尖，而是要用整個指腹牢牢壓住紙張才行，大人可以在旁邊出聲提醒孩子：「想像手指像熨斗一樣，把紙燙平吧！」這麼一來會比較容易讓孩子意識到手指的動作、以及用力的程度。

由於年幼的孩子手指力道還很弱，建議可調整好桌椅的高度，讓孩子坐著的時候雙腳能確實踏到地板，這麼一來在摺線時就可以把全身的體重加諸在手指上。

57 沒辦法靈活操作剪刀

　　年幼的孩子在使用剪刀時會將五隻手指全部用上，以握拳與張開手掌的方式操作剪刀。等到孩子手部動作比較靈巧後，就可以跟大人一樣彎曲無名指與小指，只用大拇指、食指與中指的動作來操作剪刀。

　　在操作剪刀時，另一隻手必須拿著紙（要剪的東西）。若是孩子還沒辦法牢牢把紙拿好的話，紙張就會東倒西歪，剪起來很不容易；當紙張沒有固定好時，剪刀當然也無法對準要剪的部位。此時最重要的關鍵就是左右手有沒有好好分工合作（一手拿紙張、一手操作剪刀）。

　　此外，也要記得提醒孩子以慣用手操作剪刀喔！

其他場景的情形

- □ 可以流暢地彎手指數數字嗎？
- □ 出現慣用手了嗎？
- □ 可以坐得直挺挺的嗎？
- □ 桌子的高度適合孩子嗎？

　　在操作工具時，一定要先確認孩子抓握物品的方式是否正確。當孩子在拿湯匙的時候，已經跟大人一樣是用大拇指、食指與中指這三隻手指拿湯匙嗎？如果孩子還是以五隻手指來抓握湯匙的話，就代表孩子還無法做出精細動作。當孩子在握住物品時，一用力手肘是否會往上抬呢？此外，桌子太高也會讓手肘往上抬。在操作精巧的工具時，應該是以手腕與手指的動作為主才對。

花點心思玩遊戲 &
培養身體感覺的好點子

　　為了使孩子了解手指的分工合作，建議在玩運動遊戲時，讓孩子多練習自由活動手指，培養手指動作的概念。加強指尖的力量、用手抓握物品的力量，以及讓手臂保持懸空的力量也都非常重要。

　　在操作剪刀時，手肘不能往上抬，而是應收緊兩側腋下，拿剪刀時必須讓大拇指保持在上方，剪刀刀刃的位置則要在腹部前方，直直地對準紙張才行。

　　另一方面，紙張不能握在手裡，而是要以指尖牢牢捏住。若是孩子難以做到的話，大人可以幫忙孩子拿好紙張，或是幫忙扶著孩子的手。要是孩子不太會打開剪刀的話，則可以幫孩子準備附有省力彈簧的安全剪刀（請參考 P197）。

❶ 手指遊戲兒歌

　　可以與孩子一起唱手指遊戲兒歌，讓孩子練習活動手指。由於剪刀是利用手指合起、張開的動作來操作，不妨配合兒歌的節奏讓孩子練習張開、握起雙手。也可以在準備操作剪刀前，先唱一會兒手指遊戲兒歌，當作手指的熱身。

❷ 將緞帶剪成小段

　　可利用緞帶或紙膠帶等，只需剪一刀就可以剪完的物品，讓孩子練習左右手的分工合作（一手拿緞帶、一手拿剪刀）。等到孩子已經可以靈活地一刀剪下後，就可以拿比較大張的紙，練習連續剪好幾刀。練習剪緞帶也是在為以後要剪比較軟的紙，或是剪比較大的物品做準備。

重點 由於剪刀是一種一定要很小心使用的工具，因此請確實教會孩子操作剪刀的方法。建議先制定好使用剪刀的規則，像是一定要跟大人一起使用、剪刀保護套一定要記得套回去等等。

參考書籍：《好危險！（暫譯）》（Francesco Pittau 著）、
　　　　　《鱷魚受傷了》（小風幸著）

58 不會沿著線剪

| 相關的
感覺・功能 | 視覺 | 聽覺 | 前庭
覺 | 嗅覺 | 皮膚
感覺 | 深層
感覺 | 運動
計劃 | 運動
等 | 視知
覺 | 語言
功能 | 執行
功能 |

　　要用剪刀沿著線剪，除了拿著紙張的手與操作剪刀的手都要能妥善控制力道之外，也必須仔細看清楚線條，再配合手部動作，可說是非常困難的動作。

　　若是沒有配合慣用手使用合適的剪刀，就沒辦法看清楚紙張上的線條，當然也沒辦法剪得很好。

　　此外，想要用剪刀剪下圖案，或是彎曲的線條時，要提醒孩子並非移動剪刀，而是應該用另一隻手移動紙張，再用剪刀的刀刃配合線條來剪才對。

其他場景的情形

☐ 會玩著色遊戲嗎？
☐ 可以接住球嗎？
☐ 可以保持端正的姿勢嗎？
☐ 有配合慣用手使用適合的剪刀嗎？

　　若是眼睛沒辦法仔細看清楚圖案或線條的話，在玩著色遊戲時就很容易會塗出邊框外；玩迷宮或連連看時，也沒辦法畫出直線。當眼睛在看圖案時，手部的動作也必須同時配合調整才行。

　　在玩排球氣球或其他球類運動時，也必須要用雙眼仔細看清楚氣球或球的動向，才能靈活地做出傳球、接球等手部動作。

　　若是孩子沒辦法保持端正的姿勢，或是雙手無法做出流暢動作的話，在操作剪刀時就會一直將注意力放在保持姿勢，以及手部剪紙的動作上，便無法再同時「仔細看清楚線條」了。

花點心思玩遊戲&
培養身體感覺的好點子

要用剪刀沿著線剪，首先一定要維持端正的姿勢，同時仔細看清楚紙張上的線條，拿好紙張並流暢地操作剪刀才行。請先讓孩子玩一些能練習保持端正姿勢，或是能培養雙眼注視能力的遊戲吧（請參考P20～21、P92～93）！

若是孩子不太會剪複雜的形狀，可能是因為在剪的時候沒有移動紙張、光靠拿著剪刀的手移動，或是拿剪刀的方向不對，拿成橫向或斜向，甚至是手肘活動的角度太大，導致手部動作沒辦法做出細微的調整，這些都是剪不好的原因。

建議可讓拿取紙張的手多練習移動，並收緊腋下、在手肘保持不動的狀態下練習操作剪刀。

❶ 試著做項鍊吧！

讓孩子拿鈕扣或戒指，穿過鞋帶，或以較細的繩子製作成項鍊，或是拿小珠珠穿過鐵絲，製作成好玩的劍。這個遊戲必須用單手拉扯細線、捏緊鐵絲，可以讓雙手練習分工合作。

❷ 沿著線撕開

首先，讓孩子嘗試沿著線撕開紙張，這麼做可以讓孩子意識到在剪的時候要仔細看清楚線條的位置。真正使用剪刀時，可以畫粗一點的線條來練習。使用右手拿剪刀的話要順時針方向旋轉、使用左手拿剪刀則要逆時針方向旋轉紙張。

重點 請為孩子準備高度適中的桌椅，讓孩子坐在椅子上時雙腳可以著地，雙手可以好好放在桌子上。唯有姿勢與放手的位置都固定好了，才能好好看清楚紙張上的線條，並沿著線條剪下。當大人要幫忙孩子操作剪刀時，要從下方支撐孩子的雙手，讓孩子動大拇指來剪。

59 不會打開、蓋起膠水蓋

| 相關的
感覺・功能 | 視覺 | 聽覺 | 前庭覺 | 嗅覺 | 皮膚感覺 | 深層感覺 | 運動計劃 | 運動等 | 視知覺 | 語言功能 | 執行功能 |

如果是傳統的罐狀漿糊，必須用手指抓住瓶蓋邊緣的突起部分才能掀起瓶蓋。而若是管狀膠水、口紅膠等，則要以旋轉的方式旋開瓶蓋。

無論是打開或蓋上瓶蓋時，要是瓶蓋沾到了膠水就很容易會變得黏黏的，指尖必須要很用力才能打開。而有些孩子也不喜歡蓋子上沾到膠水後變得黏黏的觸感。

另一方面，在打開或蓋上瓶蓋時，必須要以一手握住瓶身，再另一手打開或蓋上瓶蓋，也需要雙手的分工合作才能完成這項工作。

其他場景的情形

- ☐ 可以擰乾毛巾嗎？
- ☐ 能夠轉開門把嗎？
- ☐ 可以觸碰濕濕黏黏的東西嗎？
- ☐ 會玩推手的相撲遊戲，或比腕力嗎？

在打開筆蓋或瓶蓋時，雙手與指尖都必須確實出力才行。而旋轉瓶蓋時，指尖與手腕也必須跟著旋轉。

若是指尖的感覺不太敏銳的話，便可能會太過用力；要是指尖的感覺過於敏感，又會沒辦法牢牢抓住瓶身，有時候就算已經很用力了，手指卻沒辦法固定在瓶蓋上，因此要好好觀察孩子的動作，才能明白孩子究竟是在哪個環節遇到困難。另外，若是寶特瓶的瓶蓋，要從正上方以垂直的方式用力旋轉，才能緊密閉合。可以讓孩子玩推手的相撲遊戲或比腕力，讓孩子了解用力時的方向，蓋瓶蓋時才能以垂直的方式用力。

花點心思玩遊戲 &
培養身體感覺的好點子

　　為了讓孩子了解手部動作的概念、並加強握力與捏力，建議可多玩一些會運用到雙手的遊戲。像是玩黏土、玩沙、投球或盪鞦韆等，都是可以培養雙手握力的遊戲，可以讓充分活動到雙手。

　　而相撲遊戲與毛巾拔河遊戲，正可以讓孩子學習到手臂用力的方向。透過這些遊戲，讓孩子練習使用整個手臂的力量，或是一邊旋轉一邊拉扯毛巾等，在運用整個身體的遊戲中學會雙手的動作方式，以及用力的方法。

❶ 撕破各種紙張

　　請準備報紙、色紙、筆記用紙、圖畫紙、厚紙板與瓦楞紙等各種材質大小的紙張，讓孩子試著撕破這些紙張吧！讓孩子練習將雙手往反方向移動撕開紙張，若是紙張較硬、難以撕破的話，則要以一隻手牢牢固定紙張，再以另一隻手用力拉扯撕開。

❷ 扭轉報紙

　　就像是在擰乾毛巾一樣，讓孩子練習將報紙扭轉成細細的棍子吧！這個遊戲可以讓雙手練習緊握，同時也讓手腕練習旋轉的動作。雙手拿著報紙時，可以讓孩子從上方、下方、橫向、縱向等各種不同方向與角度扭轉報紙，多培養一些從各種方向旋轉手腕的經驗。

> **重點** 建議在膠水瓶蓋上應捏住的部位，貼上貼紙或彩色膠帶，讓孩子更清楚應該要在哪裡施力，也可以貼上止滑貼，幫助孩子在旋轉瓶蓋時手指不易滑開。

60 總是會擠出太多膠水

相關的
感覺·功能 | 視覺 | 聽覺 | 前庭覺 | 嗅覺 | 皮膚感覺 | 深層感覺 | 運動計劃 | 運動等 | 視知覺 | 語言功能 | 執行功能

　　在取出罐裝的漿糊時，必須用手指調整挖取的用量；而瓶裝的膠水則是要調整握住瓶身的力道，才能掌控擠出的分量。

　　若是口紅膠的話，則需要用雙眼觀察後再調整用量。由於孩子會因為「想要牢牢黏住」而使用太多膠水，或者是因為不擅長控制力道，一下子按得太用力導致擠出太多膠水。

　　另外，也有些孩子是因為不擅長調適心態，不知道該如何才能「輕輕做」，導致擠出太多膠水。

> **其他場景的情形**

☐ 明白大、小、高、低、多、寡等概念了嗎？
☐ 可以豎起一隻手指，在空中畫圓旋轉嗎？
☐ 用手拿著壽司享用時，可以不捏壞壽司嗎？
☐ 可以輕輕堆放積木嗎？

　　由於年幼的孩子還難以判斷分量的多寡，因此最重要的就是要先告訴孩子怎麼樣才算是剛剛好的用量。用手指沾取漿糊時，要豎起一隻手指，並握緊其他手指，旋轉手腕與手指沾取，因此孩子一定要能夠隨心所欲活動手指與手腕才行。若是孩子沒辦法控制力道與心態的話，在堆積木時也很容易太過用力，反而將整座積木弄垮。

花點心思玩遊戲 &
培養身體感覺的好點子

黏土

拼圖

積木

摺紙

剪刀

膠水

為了讓孩子明白大、小、多、寡等概念，可以在各種遊戲中參雜大小與用量的元素，讓孩子多活動雙手，練習緊握與輕握等控制力道的方法。

另外，要是孩子不擅長控制力道的話，在擠美乃滋或番茄醬時，也很容易一下子擠出太多，在倒水或醬油時也沒辦法輕輕倒，因此在日常生活中，建議大人可以在旁邊出手幫忙，讓孩子多加練習。

① 在沙地上畫畫

在沙地上伸出一隻手指來畫畫，可以讓孩子練習到用指尖挖取的動作，並體驗到挖取的感覺。也可以讓孩子將手指往下插進沙中挖出一個洞，或是輕輕撫平表面，這麼一來不只是沾取漿糊的動作而已，還能練習到塗抹漿糊的動作。

② 試著放慢動作

將飲料倒入杯子裡時，要盡量放慢動作，將飲料一點一點慢慢倒入杯中。建議讓孩子將寶特瓶飲料或盒裝牛奶倒入杯子裡，或是從杯子裡倒進另一個杯子等，使用各式各樣的道具來挑戰。使用不同的道具時，拿取方式與施力方式都會有所不同，可以讓孩子累積各種經驗，練習控制力道與心態。

重點 若是孩子不知道該挖取多少漿糊的話，大人可以先取出 1 次份的漿糊放在水彩調色盤的格子裡，或是用湯匙挖一杓給孩子看。如果還是很容易取出太多漿糊的話，則建議使用口紅膠會比較好。

61 不會好好塗膠水

相關的 感覺・功能	視覺	聽覺	前庭 覺	嗅覺	皮膚 感覺	深層 感覺	運動 計劃	運動 等	視知 覺	語言 功能	執行 功能

在塗抹漿糊或膠水時，必須依照塗抹範圍來調整用量，在漿糊及膠水變乾之前迅速貼合。若是指尖不太擅長做出精細動作的話，便可能無法迅速貼合。

有些孩子在塗抹漿糊或膠水時，總是塗抹同樣的位置，或是不會將漿糊及膠水延展開來。在塗抹漿糊或膠水時，一隻手的手指必須靈巧地推開漿糊或移動膠水管身，另一隻手則必須牢牢壓住紙張，讓雙手分工合作，同時將注意力放在必須黏貼的部位，才能將東西黏好。

其他場景的情形

☐ 可以豎起 1 隻手指，在空中畫圓旋轉嗎？
☐ 會靈巧地使用湯匙及叉子嗎？
☐ 在玩著色遊戲時，會有漏塗的部分嗎？
☐ 會收拾物品嗎？

在使用漿糊時，基本上都是以一隻手指沾取並延展開來，因此必須要能夠迅速移動手臂，才能好好塗抹漿糊。若是管狀膠水的話，則必須要像是握住鉛筆一樣，用三隻手指牢牢握住（三指握法）並迅速移動手臂才能塗好膠水，要是五隻手指都握住膠水管身，塗抹起來就會比較困難。

等到孩子的雙手可以順利分工合作，一手牢牢壓住紙張、另一手負責塗抹的話，漏塗的狀況便會逐漸減少，可以隨心所欲塗抹在任何想要塗抹的地方。如果是擅長玩著色遊戲、尋找兩張圖片差異的孩子，代表可以同時注意到許多細節，在使用漿糊或膠水時也能夠自行察覺出哪裡漏塗。

花點心思玩遊戲&
培養身體感覺的好點子

讓孩子多玩一些能運用到手指精細動作，或練習雙手分工合作的遊戲吧！

在塗抹漿糊或膠水時，有時候只會在小範圍中運用指尖塗抹、有時候卻也可能在大範圍中使用到整個手臂的動作，因此也要讓孩子玩一些必須牢牢抓住物品並大幅度擺動的遊戲（請參考 P31）。

在日常生活中，可以讓孩子幫忙用抹布擦地板、窗台、桌子等，讓手臂有大動作擺動的機會，在擦拭的過程中也可以讓孩子練習留意整體的擦拭情形，注意有沒有遺漏之處。

❶ 練習畫圈圈

讓孩子用蠟筆在報紙上畫畫吧！可以用大拇指朝上的握法（手掌朝上抓握），或是握鉛筆的方式牢牢握住蠟筆，大幅度移動手臂，在報紙上畫出大小不同的圓形或方後，再使用漿糊或膠水塗在自己畫出的框框內，塗抹時注意不要超出框框。

接下來可以練習將漿糊或膠水塗抹於報紙上的方形欄位、粗體字上，慢慢提升難度。

❷ 在海綿上畫畫

準備一張較大的薄型海綿，讓孩子用手指沾取顏料在海綿上畫畫。因為當孩子用指尖沾取漿糊時，就算另一隻手再怎麼用力按壓住紙張，若是沾取漿糊的手指只是輕輕滑過紙張表面而已的話，還是無法順利將漿糊延展開來。利用在海綿上畫畫的遊戲，就可以讓孩子親眼確認到自己指尖的力道多寡。可以嘗試輕輕滑過表面、用力壓到使海綿凹陷等，讓孩子學會控制指尖的力道。

畫圖

重點 若是孩子在塗抹漿糊或膠水時經常會有漏塗的情形，建議可以使用有顏色的膠水、比較慢乾的立可貼，讓孩子有時間可以慢慢確認是否有所遺漏。此外，也可以做記號標示塗抹順序與塗抹位置，或是提醒孩子先塗抹周圍後再塗抹中央，這麼一來就不會有所遺漏。

62 雙手不喜歡碰觸到膠水

相關的 感覺・功能	視覺	聽覺	前庭 覺	嗅覺	**皮膚 感覺**	深層 感覺	運動 計劃	運動 等	視知 覺	**語言 功能**	執行 功能

若是孩子不喜歡膠水或膠帶黏黏的感覺、不喜歡手上沾附到黏黏的東西，在玩需要用到膠水或膠帶的遊戲時，就沒辦法享受其中的樂趣。當手上沾到膠水時，不僅很容易黏到小屑屑讓手變髒，乾掉後還會產生緊繃感，有些孩子比較不喜歡這樣的感覺。

當膠帶黏在手上時，其實並不容易撕開。若是不喜歡玩沙、玩黏土的孩子，可能會害怕這種黏黏的感覺，導致在做勞作時沒辦法使用膠水及膠帶，或是無法集中注意力在勞作上。

其他場景的情形

☐ 手上沾到顏料或墨水時，也可以保持心平氣和嗎？
☐ 可以直接用手拿飯糰吃嗎？
☐ 可以用香皂洗手嗎？
☐ 會玩貼紙遊戲嗎？

不喜歡用手拿東西吃、用香皂洗手、用手玩遊戲的孩子，可能是因為接觸黏膩感或濕濡感的經驗較少，而變得比較敏感。

另外，有些孩子是不喜歡手上有沾到東西的感覺，平時沒辦法戴手套；或是因為不喜歡觸碰到塑膠袋與膠帶的靜電，因此不想觸碰這些物品。

花點心思玩遊戲 &
培養身體感覺的好點子

若孩子不喜歡黏膩感、濕濡感的話，可以多玩一些會使用到指尖的遊戲，讓孩子體驗到各式各樣的感覺。

無論是玩泥巴或吹泡泡，都可以讓孩子體驗到黏膩、濕濡的感覺，此外在日常生活中，像是洗手、洗澡時自己搓洗身體等，也都可以累積手部感覺的經驗（請參考 P34 ～ 39）。

另外，建議多讓孩子實際接觸膠水與膠帶，可以慢慢習慣膠水與膠帶的觸感。在玩遊戲時，慢慢誘導孩子產生「想摸摸看」的心情也很重要。

➊ 扮演霜淇淋店老闆

這個遊戲是將香皂搓出大量泡泡累積在手上，看起來就像是霜淇淋一樣。讓孩子慢慢習慣香皂黏黏滑滑的觸感後，便能試著挑戰膠水與膠帶黏黏的觸感了。

➋ 在身體上貼貼紙

讓孩子在手臂、肚子與腳底貼上喜歡的動漫角色吧！可以貼在衣服上，或是直接貼在皮膚上，讓孩子了解到貼了也不會痛，不需要感到害怕，而且可以隨時撕得下來。可以準備布膠帶、紙膠帶、普通膠帶等各種材質的膠帶，跟大人一起互相貼來貼去，應該會很有趣。

重點 如果孩子無論如何都不想用手觸摸漿糊的話，就讓孩子使用口紅膠，或是準備海綿或滾輪等工具吧！此外，也可以準備濕紙巾，讓孩子一沾到手就能立刻擦拭乾淨。

63 總是會拉得太長

相關的
感覺‧功能
視覺 聽覺 前庭覺 嗅覺 皮膚感覺 深層感覺 運動計劃 運動等 視知覺 語言功能 執行功能

把膠帶拉出膠帶台時，必須先以一手固定住膠帶台，再以另一手拉出膠帶。此時若是肩膀動作的幅度太大、用整個手臂的力量拉膠帶的話，就很容易拉得太長。容易把膠帶拉得太長的孩子，可能是不知道怎麼只用肩膀用力、保持手臂動作不要太大的緣故。

如果孩子懂得讓肩膀小幅度動作，主要移動手腕及手肘來拉膠帶的話，就能拉出適當的長度。此外，若是指尖的力道太弱，在拉膠帶時就會運用整個手臂的力量，這麼一來當然也容易拉得太長。

其他場景的情形

□ 會玩人體推車的遊戲嗎？
□ 可以爬上立體格子鐵架或梯子嗎？
□ 可以坐得直挺挺的嗎？
□ 在使用剪刀時會夾住腋下嗎？

當孩子壓住膠帶台、以雙手指尖施力時，若是姿勢不穩的話，就會不容易用肩膀用力，需要藉由整隻手臂的力量來拉出膠帶，或是沒辦法以指尖施力。

另一方面，將桌椅調整成適當的高度也很重要，因為要是桌面太高的話，腋下會張得太開，變得會動用到整隻手臂。請好好觀察孩子在拉膠帶時是採取什麼樣的姿勢。不僅如此，雙手是否能夠分工合作、指尖力道是否足夠，這兩點也是關鍵。

花點心思玩遊戲&
培養身體感覺的好點子

為了讓孩子能讓肩膀小幅度動作，主要移動手腕及手肘來拉膠帶，前提是必須培養出保持身體姿勢的力量，以及用肩膀支撐手臂的力量。建議可讓孩子多玩一些能培養這些力量的遊戲（請參考 P20 ～ 21、P128 ～ 129）。

只要讓孩子在遊戲中學會——如何在運用手指時保持身體姿勢，以及一邊用手確實支撐身體同時活動身體，就可以更靈活地玩需要運用到手指的遊戲了。

① 坐著拔河

跟孩子一起坐在椅子上玩拔河吧！事先訂好規則，在拔河時一定要把手肘固定在桌面不可以離開，就能讓孩子練習保持手臂不動、只動手腕與手肘用力。若能使用較薄的緞帶來拔河，也能順便練習到用指尖捏住膠帶的感覺。

② 氣球接力賽

跟孩子一起玩氣球接力賽，不能讓氣球掉下來。氣球可以用手拿、放在報紙上、盛在勺子裡、盛在湯匙上等等，試著替換各種物品托住氣球，便可以漸漸提升難度，讓遊戲變得更好玩。玩氣球接力賽時，必須以身體用力並緩緩地動作，雙手也不可以大幅度擺動，因此可以練習到在雙手動作時保持身體姿勢、維持肩膀不動。

 如果孩子難以固定住膠帶台的話，可以準備大人使用的沉重膠帶台。此外，大人也可以在旁邊扶著孩子的手一起幫忙，指導孩子拉膠帶時手腕與手肘該往哪個方向施力。

64 不會切斷膠帶

| 相關的
感覺・功能 | 視覺 | 聽覺 | 前庭
覺 | 嗅覺 | 皮膚
感覺 | 深層
感覺 | 運動
計劃 | 運動
等 | 視知
覺 | 語言
功能 | 執行
功能 |

在使用膠帶台切斷膠帶時，孩子可能會一直用力往後拉，或是太用力捏住膠帶使得膠帶黏在手指上。

在切斷膠帶時，必須輕輕彎曲指尖與手腕，將膠帶抵在膠帶台的刀鋒上切斷。只要孩子能靈活地活動手腕與指尖，就可以順利切斷膠帶。此外，由於一般膠帶都是透明的，比較難以清楚看見切斷時的模樣，因此可以準備有顏色的膠帶、或是紙膠帶，讓孩子能清楚確認膠帶切斷的狀況。

其他場景的情形

☐ 可以翻起撲克牌嗎？
☐ 可以沿著線條撕破紙張嗎？
☐ 在玩著色遊戲或畫畫時，手肘及上手臂可以放在桌面上嗎？
☐ 可以插鑰匙、拔鑰匙嗎？

只要能靈活地活動指尖與手腕，就能順利翻起撲克牌、小心地撕破紙張。此外，在玩著色遊戲或畫畫時，若能保持整隻手臂不動，只用指尖與手腕操作鉛筆，以及將鑰匙插入、拔出鑰匙孔，就代表孩子可以順利做到需要指尖與手腕的動作。

保持肩膀及手肘不動、只運用指尖與手腕的動作，與書寫文字、使用圓規、吹奏樂器等學習方面也有很大的關連。為了讓孩子能靈活地活動指尖與手腕，一定要具備用肩膀支撐的力量，以及用手肘支撐的力量才行。

花點心思玩遊戲 &
培養身體感覺的好點子

　　大人可以在旁邊出手幫忙孩子，一手壓住膠帶台、另一手再捏住膠帶幫忙切斷，同時指導孩子指尖與手腕的動作以及施力的方式。

　　最重要的就是讓孩子多嘗試能幫助維持身體姿勢與手臂力量的運動遊戲。此外，也可以多玩沙、黏土等會用到指尖精細動作的遊戲。讓孩子在遊戲中體驗到雙手握住物品時隨意轉動手腕的感覺也很重要，例如解開毛線、拉扯布尺、玩拉線人偶（利用 2 條線互相牽引便能做出動作的人偶）等，讓指尖實際體驗一邊捏住一邊拉扯的感覺。

① 可以撕得多小呢？

　　準備一張以孩子的手力可以輕易撕開的紙張，讓孩子把這張紙越撕越小吧！因為在撕紙的過程中，以指尖捏住紙張再轉動手腕的動作，跟切斷膠帶時的動作非常相似。

② 運球・轉球

　　運球時必須以指尖與手腕輕柔地前後擺動，一用力球就會彈得很高、不用力則會彈得很低，因此可以讓孩子體驗到指尖與手腕的動作及控制力道。若孩子還不會運球的話，則可以將手掌放在球的上方，在地上轉動球。在轉動球的過程中也可以讓手腕體驗到各種角度的動作。

> **重點** 在捏住膠帶時，必須使用大拇指及食指，並將大拇指放在食指上方。切斷切帶時，若是右手的話要以逆時針方向，左手則要以順時針方向轉動手腕。另外，若是孩子將膠帶拉得太長，大人要在旁邊出手幫忙，指導孩子要用多少力量拉開膠帶，以及切斷膠帶的正確動作。

65 貼得不好

| 相關的
感覺·功能 | 視覺 | 聽覺 | 前庭
覺 | 嗅覺 | 皮膚
感覺 | 深層
感覺 | 運動
計劃 | 運動
等 | 視知
覺 | 語言
功能 | 執行
功能 |

在貼膠帶時，必須以指尖捏住膠帶前端，往橫向完整拉開。另一方面，也要以雙手撫平想要黏貼的位置，一手用手指壓住想要黏貼的物品、再以另一手貼上膠帶。等到孩子很會貼膠帶之後，就可以用單手拿著膠帶，慎重地黏貼而不會黏到其他地方。

由於必須以雙手拉開膠帶，再以手指撫平紙張，還要用雙手一起黏貼，同時還要注意不可以讓膠帶黏到其他地方，其實光是貼膠帶就必須同時完成好幾個動作，因此前提是一定要擁有專注力，以及讓指尖隨心所欲活動的能力。

另外，在貼膠帶時，也必須要能將膠帶的方向對準黏貼的位置才行。

> ## 其他場景的情形

☐ 可以拆開零食的包裝嗎？
☐ 可以自己取出圓形的巧克力糖嗎？
☐ 會摺衣服或毛巾嗎？
☐ 可以輕輕堆放積木嗎？

在拆糖果的包裝紙時，必須以雙手同時拆開；取出糖果或圓形零食時，則需要手指做出更精細的動作，還必須以手指施力才能順利取出。

想要將衣服與毛巾摺得整整齊齊，除了雙手動作必須協調之外，還要將心思放在不能讓衣物起皺；在堆積木時也是一樣，必須集中注意力不讓積木整個倒下來。此外，想要將膠帶的方向對準黏貼的位置，也需要有能力掌握形狀的特徵，並思考出恰當的黏貼方式。

花點心思玩遊戲&
培養身體感覺的好點子

　　不只是要玩可以專注在雙手的遊戲而已，為了讓孩子可以將膠帶貼在正確的位置，手眼協調的遊戲也相當重要。像是積木、拼圖、形狀配對玩具等，可以培養出手眼協調的能力，還有用球丟向目標物、釣魚等會使用到全身的遊戲也可以練習到手眼協調。

　　另一方面，由於一般膠帶都是透明的，不太容易對準要黏貼的位置。現在市面上有一種膠帶顏色偏白，但黏貼後又會變成透明，不妨準備這種膠帶讓孩子試試看；也可以使用較大的布膠帶，或是有顏色的膠帶應該也會有不錯的效果。

❶ 衝破報紙牆

　　讓孩子跟大人一起攤開報紙，並且用雙手拿住報紙兩端，把報紙往左右兩邊拉開。接著讓另一位孩子試著從較遠處跑過來衝破這面報紙牆吧！若能將報紙拉得很緊，便能輕易衝破報紙牆。當整面攤開的報紙被衝破成一半後，再用半張報紙來玩，接著再用四分之一張報紙，讓能衝破的面積越來越小，應該會很好玩。

❷ 貼紙遊戲

　　先決定好要將貼紙貼在哪裡，再用雙手一起貼貼紙吧！建議可製作刷牙集點卡、收拾玩具集點卡等，讓孩子將貼紙貼在集點卡的欄位中，留意不要貼超出欄位，或是像是在玩洋娃娃換裝貼紙遊戲一樣，將貼紙貼在洋娃娃的臉部與身體等位置，就能讓孩子培養出先看清楚再貼的習慣。此外，可黏貼在窗戶或鏡子上的靜電貼紙，也可以讓孩子練習到用雙手拉緊後再貼的動作。

要過去了～

拉緊

○○ 貼紙

 重點　有些孩子可能會因為不知道該把貼紙貼在哪裡，或是不知道怎麼樣才算是恰當的長度而導致貼得不好，建議可在該黏貼膠帶的位置做記號，幫助孩子更容易了解。

66 沒辦法靈活地按鍵盤

| 視覺 | 聽覺 | 前庭覺 | 嗅覺 | 皮膚感覺 | 深層感覺 | 運動計劃 | 運動等 | 視知覺 | 語言功能 | 執行功能 |

口風琴是孩子在幼兒園及小學低年級時經常會練習到的樂器。在演奏口風琴時，必須用手指彈奏鍵盤、吐氣、看樂譜或指揮老師，同時跟上周圍的樂音，需要在同時間做到許多件事。

如果孩子沒辦法用指尖做出精細動作，或是不擅長一邊用眼睛看、再一邊活動手指的話，就無法好好演奏口風琴；若是孩子的眼力較差，便無法同時注意樂譜與鍵盤，也可能沒辦法一邊看著指揮老師、一邊確認鍵盤。此外，由於鍵盤是由黑鍵與白鍵有規則地組成，有些孩子可能會找不到中央 DO 的位置。

其他場景的情形

☐ 可以流暢地彎手指數數字嗎？
☐ 會玩著色遊戲嗎？
☐ 可以看著範本畫畫嗎？
☐ 可以比對兩張圖找出差異之處嗎？

在演奏口風琴時，孩子必須要能區分黑鍵與白鍵，看得懂鍵盤上的中央 DO 到高音 DO 是同一個區間，同時還要會看樂譜，因此眼力非常重要。為了要記住鍵盤的位置，就必須要用「手指的動作」來記住每個琴鍵，還要能「用聽的」辨別自己是否彈奏出了正確的音。若是手指不擅長做精細動作的話，也沒辦法做到反覆練習，只能慢慢彈奏，導致練習次數也會變得比較少，此外也可能因為已經將注意力都放在指尖的動作上了，而沒辦法留心聆聽樂音，導致總是彈不好。

花點心思玩遊戲&
培養身體感覺的好點子

　　想要讓指尖做出精細動作、讓每一隻手指都能靈活彈奏，最重要的就是必須要能保持身體姿勢，並且有力氣讓手臂保持懸在空中。在學習演奏口風琴時，除了反覆練習之外，也要透過各種遊戲鍛鍊指尖的活動力及眼睛的眼力。

　　若能靈巧彈奏口風琴，絕對會讓孩子備感喜悅，不過最重要的還是要讓孩子享受音樂，激發出孩子「想嘗試看看」的心情。

❶ 手指體操

　　如果孩子沒辦法讓手指一一靈活擺動的話，可以玩手指遊戲或猜拳，練習讓每一隻手指各自動一動。將左右手的五隻手指的指尖靠攏，按照順序讓每一對指尖互相旋轉，像這樣做手指體操、玩翻花繩等會使用的手指的遊戲，讓孩子記住手指活動時的感覺。

將左右手的指尖靠攏，
每一次只旋轉一對手指。

❷ 這是什麼音？

　　在按鍵及孩子的指甲上，依照應該按下的配對依序貼上同樣顏色的貼紙。也可以讓孩子貼上自己喜歡的動漫圖案貼紙，例如：「車車貼紙是DO」、「飛機貼紙是 RE」等，讓圖案與音階產生關聯，會變得更好記。在練習時，大人可以看著「車車」的圖案告訴孩子：「用車車手指按下車車鍵」，讓孩子記住音階、鍵盤與應該彈奏的手指。

DO

DO

 重點 彈奏口風琴的環境也必須費一番工夫營造。例如可以增加視覺上的輔助，或是讓孩子輪流彈奏，才能更清楚聽到每一個人彈奏出的樂音，請想想看適合孩子的方法。

155

67 不會確實吹氣

| 相關的
感覺‧功能 | 視覺 | 聽覺 | 前庭覺 | 嗅覺 | **皮膚
感覺** | **深層
感覺** | **運動
計劃** | 運動等 | 視知覺 | 語言功能 | 執行功能 |

在吹奏口風琴時，必須配合音高控制吹氣量與吹奏的時間點。首先最重要的就是嘴巴要好好含住吹嘴，接著再確實吐氣、一個音一個音慢慢吐氣，而且還要能持續吐氣一段時間。

若是孩子口腔的功能尚未發展成熟，無法隨意活動舌頭，或是舌頭會堵住吹嘴、嘴唇無法緊閉的話，可能會忘記要閉起嘴巴，並吞下口水，造成口水流到吹嘴外面。

其他場景的情形

☐ 在刷牙時會流口水嗎？
☐ 會咕嚕咕嚕漱口嗎？
☐ 使用吸管時會嚙咬吸管嗎？
☐ 會吐舌頭做鬼臉、用舌頭舔嘴唇一圈嗎？

在刷牙時必須要能用嘴唇擋住口水，才不會讓口水滴出來。唯有能隨意活動嘴唇、掌握嘴唇的感覺，才能牢牢緊閉嘴唇咕嚕咕嚕地漱口，不至於讓水漏出來。要是沒辦法緊閉嘴唇的話，也無法好好使用吸管。另一方面，沒辦法隨意活動舌頭的孩子，在享用霜淇淋時不會用舔的方式而是大口大口吃，平時也無法做出吐舌頭的鬼臉。此外，若是孩子在用餐時嘴唇附近總是髒兮兮的，可能就是因為不擅長用舌頭舔嘴唇周圍的緣故。

花點心思玩遊戲&
培養身體感覺的好點子

　　讓孩子多玩一些能練習到緊閉嘴唇、控制吹氣量的遊戲吧（請參考 P43）！

　　在用餐時或點心時間，以及會使用到整個身體的遊戲中，都可以培養出靈活運用嘴唇與舌頭的能力。除了練習吹奏口風琴之外，也要搭配日常生活中可以玩的遊戲，就不會讓孩子備感壓力。可以讓孩子含著糖果用舌頭將糖果移動到左右臉頰，或是練習吸麵條也不錯。

① 大象吹出來的氣

　　用嘴巴含住口風琴的吹嘴，將另一端放在靠近臉頰的位置，讓孩子實際感受看看用力吹與輕輕吹時，臉頰感受有何差異。不要只分成「強」與「弱」，可將吹氣量分成 1～5 的程度，或是分成「大象吹出來的氣」、「老鼠吹出來的氣」等，以孩子容易理解的方式來說明。

② 多做運動吧！

　　若是孩子的吐氣量較少，或是氣息不能維持得很長的話，可能是因為沒辦法吸入大量空氣的緣故。當孩子在玩鬼抓人時，可以讓孩子跑到氣吐完為止，或是玩捉迷藏、紅綠燈等遊戲時，讓孩子大聲說出：「好了沒～」，用丹田發出聲音大笑等，透過會動到全身的遊戲來讓孩子練習大口呼吸。

重點 若是孩子會在吹奏時流口水的話，要多練習在含著吹嘴時吞下口水，或是叮嚀孩子可以偶爾鬆開吹嘴吞口水。另外，也可以將手帕或毛巾綁在吹管或吹嘴外面，這麼一來口水就算漏出來也能吸收在手帕或毛巾上，不必擔心在吹奏時弄髒桌面或鍵盤，也能讓吹管與吹嘴更好拿。

握・捏的發展

　　本書介紹的大動作遊戲及使用指尖的遊戲中，雙手的動作都占有舉足輕重的地位。在玩球類遊戲或盪鞦韆時，也必須利用雙手握住物品支撐身體；而在玩黏土與積木時，指尖則必須做出精細的動作，在日常生活中也需要以手指扣釦子、操作湯匙與筷子等，運用到指尖的機會非常多。

　　請大家藉由玩遊戲與日常生活中的瑣事，來培養孩子的雙手活動力吧！

◉ 姿勢的發展與雙手的運動

　　雖然剛出生的小寶寶還沒辦法靠自己維持固定的姿勢，不過，在仰躺時已經可以彎曲手肘、伸出雙手，可說是從此時便開始為雙手的運動做準備了。接下來小寶寶會試著舔舐自己的雙手、做出合掌的動作，同時體驗到使用雙手與指尖的感覺。

　　等到小寶寶可以一個人坐好、翻身時，便會開始朝玩具伸出雙手，以抓住、丟開、搖晃、敲擊等各種方式進行雙手的運動。

　　當小寶寶可以自己坐好的時候，就會開始慢慢發展出慣用手了。因為光是在保持身體姿勢時，就必須以一手支撐身體、另一手拿玩具，此時雙手就正在分工合作，分別負責保持姿勢與操作玩具。

　　等到身體姿勢變穩定後，小寶寶就可以一手拿著玩具、再用另一手操作玩具，這麼一來便能學會各種玩具的玩法，當然也能拓展出更多遊戲的領域。

為雙手的運動做準備

抓住玩具

開始用雙手分工合作

● 「握」的發展

　　小寶寶與大人在握住物品時，使用雙手的方式並不相同，會隨著手腕與指尖的運動發展程度而改變握法。小寶寶的雙手就跟猿猴的雙手一樣，是以食指到小指的四隻手指來握住物品。在這個階段中，還沒有辦法做到牢牢握住、用力鬆開物品。

　　等到小寶寶可以自己一個人坐好時，就會變成是以大拇指到小指的五隻手指來握住物品，而且也可以牢牢抓住玩具來玩了。

　　到了1歲左右，雖然已經能以緊握拳頭的方式握住湯匙與叉子，但還是難以隨意活動手腕與指尖，因此只能靠肩膀與手肘的力量來操作（手掌朝上抓握、手掌朝下抓握）。

手掌朝下抓握　　　　　　　手掌朝下抓握

　　到了2歲左右，孩子已經會以食指立起的方式抓握湯匙或蠟筆，並移動手腕來操作湯匙與蠟筆（手指朝內抓握）。

　　接下來到了3歲，孩子就可以像大人一樣順著手掌的方向握住蠟筆，不過，要移動指尖還是比較困難一點，因此是以移動手腕的方式來操作（靜態三指握法）。

　　到了4歲之後，孩子便能與大人一樣靈活地運用指尖，不僅能順暢使用筷子，也能以蠟筆畫出細緻的圖畫（動態三指握法）。

手指朝內抓握　　　　靜態三指握法　　　　動態三指握法

● 「捏」的發展

像是拆糖果紙、撕下貼紙、將珠珠穿線等，隨著物品的大小與材質不同，手指在捏住時的形狀也會有所差異。如果還是小寶寶的話，只能做到以食指到小指的四隻手指握住物品（尺側把持）。

等到小寶寶會翻身之後，便能以大拇指、食指與中指這三隻手指來握住物品（橈側把持），或是捏住細小的物品（三指抓捏法）。由於此時已經可以做到許多種抓捏方式，因此不僅可以順利抓住玩具來玩，也可以捏住零食放進嘴裡享用了。

| 尺側把持 | 橈側把持 | 三指抓捏法 |

等到小寶寶可以自己一個人坐好時，便能夠以大拇指與食指側邊來捏住物品（側指腹抓捏法），接著，則漸漸可以使用大拇指與食指指腹捏住物品（指腹抓捏法），還有用大拇指及食指指尖捏住物品（指尖抓捏法），越來越熟悉抓捏物品的方式。當孩子很會抓捏物品後，便能順利操作筷子與剪刀了。

| 側指腹抓捏法 | 指腹抓捏法 | 指尖抓捏法 |

◎ 握力與捏力的發展

　　就算孩子能夠靈活控制手腕與指尖的動作，但要是握力與捏力不足，還是無法順利操作物品。為了加強孩子的握力與捏力，最重要的就是要讓保持姿勢的力量，以及支撐手臂的肩膀周圍力量獲得提升，因為這些力量正是雙手動作的基礎。不妨多讓孩子四肢著地爬行、攀上斜坡、爬上立體格子鐵架等，多多體驗能大量活動身體的遊戲。

◎ 手腕的動作

　　為了讓孩子可以像大人一樣以順著手掌的方向來捏、握物品，首先要先確認的是孩子是否能確實移動手腕。只要看孩子握住鉛筆的手勢就能略知一二，當孩子握住鉛筆時，手腕若是呈現往後方放鬆的狀態，就表示手腕的力量很穩，能隨心所欲活動指尖。

　　萬一孩子遲遲無法像大人一樣以順著手掌的方向來捏、握物品，則建議可多讓孩子玩盪鞦韆與立體格子鐵架，訓練孩子牢牢握住物品的力量，或是揉捏黏土、用抹布擦地時也可以練習正確的手勢。

在手腕內側用力

手腕往後放鬆

◉ 無需急於雙手動作的發展，讓孩子慢慢來

　　雙手動作的發展可以分為許多階段，首先是從肩膀與手肘慢慢生出力量，接著手腕也會能確實用力，再以五隻手指來握住、放開物品等，要像大人一樣能靈巧地抓捏物品是需要一段時間的。

　　此外，當孩子抓捏物品時還不會讓手腕往後方放鬆，只能以手掌朝上抓握的方式握住蠟筆的話，是不可能突然變得跟大人一樣可以用三指握法來抓握蠟筆的。必須配合孩子捏、握的發展程度來玩必須使用到雙手的遊戲，讓孩子自行吃飯等，才能漸漸發展捏、握的能力。

　　會變得比較狹窄，這會導致沒辦法有效率地解決問題，或使得理解力與判斷力變慢。

　　若是在尋找物品時遲遲無法找到、玩著色遊戲時漏填的部分很多、玩球時經常漏接的話，就有可能是因為注意力過度集中在某處的關係。

　　這種時候只要告訴孩子該看哪裡、該以什麼順序來看，說明「看的地方」與「看的順序」，便能解決這個問題。

☺ 言語輔助

在指導孩子時，必須以具體的方式傳達你希望孩子做到的內容。舉例來說，當孩子在走廊上奔跑時，不要說：「不可以跑步！」，而是應該明確地說：「用走的喔！」；當孩子不好好坐在椅子上反而站起來時，不要說：「不可以站起來。」，而是應該說：「坐下來。」

如果面臨在一般社會生活中不被允許的事情、或是攸關孩子性命的大事，當然必須大聲禁止孩子的行為以確保安全，除此之外，則應該以堅定的態度來表達希望孩子照做的內容，這才是最重要的。

☺ 設定好處與壞處

如果希望孩子做出好的行為，就必須要事先決定好一些規範，像是當孩子做出好的行為時會有什麼好處、當孩子不照做時會有什麼壞處。舉例來說：絕對不可以在孩子中途離開餐桌跑去玩時還追著孩子餵飯、也不能讓孩子拖拖拉拉吃飯吃好幾個小時、不要在用餐時間之外只要孩子想吃就給點心。

如果孩子想要離開餐桌跑去玩的話，不要威脅孩子：「如果不吃的話就來收拾碗盤」，只要在用餐時間結束後收拾就好。要是之後孩子想吃東西了，到下一餐之前都不可以給孩子吃，飲料方面基本上也只能喝水。這麼一來，當孩子肚子餓了，自然就會在下一餐認真吃了。

像這樣，若是在用餐時間不好好吃飯，等一下肚子餓了孩子自己也會很困擾，只要設定好這樣的用餐規矩就會很有效。不要斥責孩子：「因為你吃飯時不認真吃，所以不可以怎麼樣」，就算孩子抱怨肚子餓，也要以堅定的態度告訴孩子：「等到下一餐再吃吧！」，因為就算斥責孩子也不會有效果。不只是父母而已，一起同住的家人也必須維持一貫的態度才行。

☺ 讚美

當孩子做出好的行為時，要給予孩子關注，多加讚美、肯定非常重要。而且不只是當孩子做得很好時稱讚他，只要察覺出孩子有想要做出好的行為，就要讚美、肯定孩子。舉例來說，不要只是稱讚：「好棒喔！」，而是要具體說出：「你幫忙收拾東西，真是幫了媽媽大忙呢！」，明白告訴孩子是什麼事做得很好。

☺ 從出生前就開始

　　人類是在與別人的交流中，學到各式各樣的事物並獲得成長。一個人的人際關係其實從在媽媽肚子裡就開始了。胎兒在子宮內會聽到母親的聲音、動作及內臟等聲音，藉此獲得安全感；誕生之後則會藉著與養育者之間的關係培養情感，被安全感包圍下逐漸拓展行動範圍。

　　接著再慢慢地進入家庭的小小社會，以及幼兒園等團體，漸漸踏入社會，隨著年紀越來越大，接觸到的人也會越來越多，每個人之間的關係也會跟著複雜起來。大多數的孩子都會觀察、模仿周遭大人的行為舉止，從大人的言語中獲得指點，逐漸領略出人與人之間的相處之道。

☺ 為什麼孩子難以學習人際關係？

　　不過，在發展上有某些困難的孩子，在面臨學習人際關係時也比較容易會遇到困難，而困難之處則是因人而異。

　　就算去了公園，比起跟父母或別的小朋友一起玩，有些孩子就是比較喜歡自己一個人玩；即便放他一個人玩也不會哭泣，甚至可以自己一個人平靜地玩上好幾個小時。

　　如果是這樣的孩子，代表比起周遭旁人、他對於事物更感興趣，而且會聚焦在細節，所以可能會比較搞不清楚周邊的狀況，或是無法判斷別人的表情。不僅如此，就算周圍環境吵雜不已，這種孩子也能自己一個人玩得很高興。

　　像是在公園看到可愛的狗狗時，大部分的孩子會很想將這份感動與別人分享，例如用手指狗狗給父母或周遭的人看。不過，如果是上述狀況的孩子，因為感興趣的事物有所侷限，可能比較少出現這樣的舉動，甚至當別人告訴他：「這隻狗狗好可愛」時，也很有可能會毫無任何反應，並不擅長與別人共同分享興趣、關心的事物與情感。

這隻狗狗好可愛唷！

像這種與別人分享興趣、關心的事物與情感，察覺出自己與別人思考方式有何不同，會漸漸發展成理解別人在注意什麼、了解別人是抱著何種目的行動能力。若是孩子這種能力較低落的話，在各種人際關係中都很有可能會產生問題。

到了該從公園動身回家的時間，就算父母出聲提醒孩子，孩子也可能因為過度專注於遊戲中而沒有聽到父母的聲音，父母很有可能會因此發怒。還有，就算父母親已經表現出發怒的表情，孩子卻可能會關注於細節（例如只顧著看父母衣服上的圖案），絲毫沒有發現父母正在生氣。除此之外，就算孩子知道已經到了該回家的時間，但自己卻沒辦法控制情緒與行為，因此遲遲無法結束遊戲。像是這樣的行為，自然也會對人際關係產生不良的影響。

☺ 理解溝通上的差異

孩子會從什麼時候開始在人際關係上遇到阻礙呢？當然是與人接觸之後開始的。在發展上有某些困難的孩子，在獨自一人玩時並不會發生問題，不過，只要環境中有2個人以上時就會產生人際關係方面的問題，這些大多數都是因為彼此的思考及感受方式不同所引起。而有時候，也會因為孩子的理解方式不同而產生溝通上的障礙，導致人際關係受挫。

當我們與不同文化、語言的外國人溝通時，會以肢體動作與手勢等與對方溝通、努力幫助對方理解我們的意思。而對於在發展上有某些困難的孩子，難道不也是一樣嗎？

當我們在面對理解與感受方式與一般人相異的孩子，想要告訴他某些重要訊息時，最關鍵的就是必須思考該如何表達、該如何讓孩子理解我們的意思。彼此一定要互相理解對方，建立起互動才行。

若是沒有考量到這個層面，就會變成以斥責、警告、否定的方式強硬地要求孩子配合社會。如果這樣的狀況發生太多次，孩子就無法對自己抱有自信，變得討厭與人互動，甚至引起拒絕上學等併發障礙也並不少見。

為了避免陷入這樣的惡性循環，周遭的大人必須理解孩子的特質，並以恰當的應對方式來與孩子相處。

😊 思考孩子行為的背後原因

想要理解孩子在行為上的各種困難，最重要的就是要以「冰山一角」的觀點看待孩子的行為。把眼前所見孩子不擅長的部分與遇到障礙的部分，都當作是冰山的一角，不要只注意這冰山一角，而是必須著眼於水面下造成孩子做出不當行為背後的原因。會在人際關係上遇到困難，在水面下肯定有不為人知的背景，身為家長一定要探究這些背景，針對孩子真正困擾的事情對症下藥。

在這些不為人知的背景中，除了包含孩子本身在發展上的特質之外，孩子周遭的刺激、引起不當行為的各種狀況等環境因素，也都必須好好著墨。

舉例來說，孩子「無法在團體中遵守規則」的行為下，背後可能有這些原因：

① 自我控制的能力較弱

比較容易衝動，無法控制自己的情緒及行為。可能是因為自我控制能力較弱，沒辦法壓抑自己想要隨心所欲行動的心情。

② 自尊心低落

在運動方面笨手笨腳等，不斷累積失敗的經驗，會導致孩子對自己失去自信，認為自己就是做不到、自我評價低，沒有培養出自尊心，因此會拒絕參與活動。

③ 判斷別人表情與整體氛圍的能力較差

有些孩子會很執著於輸贏，可能會擅自改變規則也說不定。遇到這種情形時，雖然與自我控制能力較弱有關聯，不過孩子可能也很難了解對方當下的感受，讀懂對方的表情與當下氛圍，並想像對方的心情。

冰山一角的觀察視角

從教室中跑出去

聽不懂

好吵

不知道什麼時候才要結束

④ 感受方式與眾不同

由於孩子在感受性方面並沒有那麼完整，可能會沒辦法恰當地處理從環境與周遭方面所接收到的訊息，導致不能遵守規則。當活動的聲音太吵時就有可能直接離開現場，或是對不穩的遊具感到害怕，而忽視規則直接避開等等。

⑤ 注意力較弱

當孩子的注意力被別的東西吸引過去時，就有可能在分心時不按照順序排隊，或是排隊時離開隊伍，往別的方向走過去。孩子也許從頭到尾都不知道要以什麼順序、該花多久時間、要怎麼參加才好。就算一開始知道規則，也很有可能會忘記。

☺ 即使是同樣的障礙，也必須思考孩子的特質與行為背景來作應對

孩子「無法遵守規則」的原因可能有很多，一定要分別針對每一個原因來採取對策才行。如果孩子是因為自我控制能力較弱而無法掌控情緒與行為的話，一定要在活動開始之前就跟孩子說清楚規則。不能只以口頭說明，務必要以圖畫、照片與影片等給孩子視覺上的指示，還要隨時重複提醒也很重要。這個方法對於不明白順序、容易忘記規則的孩子非常有效。

還有一點也很重要，那就是一定要在事前就先告訴孩子，在玩遊戲或比賽時有輸有贏，先跟孩子一起決定要是輸了的話該做出什麼反應，當孩子確實遵守規則時，一定要大力讚美孩子。

如果孩子是因為不擅長運動而導致連續面臨失敗的話，則必須花點功夫讓孩子不要產生負面意識。要是孩子擅自改變規則，不重視同伴心情的話，大人就必須在此時介入，畫簡單的火柴人圖案表現出當下的情況，用對話框或表情來解釋對方目前的心情，必須要以視覺的方式對孩子說明。

用插圖說明當下狀況

167

最重要的是，一定要跟孩子仔細解釋到最後，讓孩子明白究竟該怎麼做。千萬不要動怒，而是應該先確認事實、弄清楚當下的情況，再跟孩子一起思考該怎麼處理比較好。若是孩子想不出來的話，則應該幫忙引導孩子思考該怎麼做才好，這樣的過程也能培養孩子的思考能力，讓孩子能做出符合當下情況的行為。

當孩子確實遵守規則時，一定要以視覺的方式強化讚美。平常孩子做出好的行為時，可以直接畫出來稱讚孩子，這麼一來會比較容易傳達讚美。如果是在感受性方面並沒有那麼完整的話，孩子真的無法接受的東西就不要強迫孩子接受，可以先避開那項東西，以有彈性的方式來應對。若孩子難以集中注意力的話，則可以用溫柔的語調提醒孩子，讓孩子回過頭來重新排回隊伍中。以上述的方式，一一破解每個造成孩子不當行為的原因、並採取對策非常重要。

了解孩子發展上的特質，打造出適合孩子的環境與解決對策，便能減少孩子在人際關係上的困難。不過，若是只顧著注意孩子不擅長的地方，光想著要怎麼改善與克服的話，其實很難立刻就順利改善。在想辦法解決孩子的困難時，也要以同樣的比重來思考該如何加強孩子的強項，靈活發揮孩子的擅長之處，這點也很重要。

另一方面，也要努力讓孩子周遭的人更能理解孩子的心情、進一步感同身受，多多向大家傳達必須的資訊，才能讓孩子順利成長、放心踏入社會。最重要的就是一面以各種小步驟來幫助孩子解決困難，一面感受孩子的成長。

3

輔助遊戲的
感覺與功能

　　為了更進一步了解孩子身體與大腦的發展，本章將詳細說明在實際生活中不可或缺的 11 種感覺與功能。

　　不只是玩遊戲而已，也會提及日常生活中必須的能力與學習動作。

抱緊緊～！

1 視覺

> 　　與「看」相關的各種能力，我們統稱為視覺。視覺可區分成兩類，分別是眼睛接收資訊的視覺能力，以及分辨接收資訊的視知覺能力。在此將針對視覺能力、眼球運動及視野進行說明。

✪ 何謂視覺能力？

　　雙眼要如何接收資訊呢？主要是藉由隨意轉動眼睛（眼球運動）、正確接收資訊（視力）、接收大範圍的資訊（視野），以及接收明暗度等各式各樣的能力來收到外界的資訊。

　　在看東西時，若是需要瞇起雙眼、特地睜大雙眼、靠近看、畏光等，就有可能是視覺能力出了某些問題。請至醫院（眼科）或專門機構接受檢查，就能得知自己是哪方面的視覺能力出了問題。

● 隨意轉動眼睛：眼球運動

　　眼球運動可分為持續凝視（注視）、目光緊追著移動的物品（追視）、迅速比對物品（眼急動），以及對焦運動（雙眼同時往內側移動）等。

　　眼球運動可以透過遊戲來練習，例如：玩容易看見的大球、氣球、吹泡泡等，都可以讓雙眼練習持續凝視，並且讓目光緊追著移動的物品。使用較大的繪本讓孩子找出哪裡不一樣，或是玩牌卡遊戲，便能讓雙眼練習迅速比對物品以及對焦運動。

● 接收大範圍的資訊：視野

　　所謂的視野指的是，當一個人持續向前凝視時，可以看見的整體範圍。可以判斷出自己看見的究竟是什麼、該物品是什麼顏色、大概多大等正確資訊的範圍，稱為有效視野；無法判斷出正確資訊、只能隱隱約約看見的範圍則稱為周邊視野。

　　當一個人集中注意力看以往沒看過的、困難的事物時，有效視野會變得比較狹窄，這會導致沒辦法有效率地解決問題、或使得理解力與判斷力變慢。

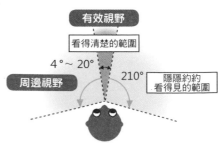

有效視野
看得清楚的範圍
4°～20°
周邊視野
210°
隱隱約約
看得見的範圍

若是在尋找物品時遲遲無法找到、玩著色遊戲時漏填的部分很多、玩球時經常漏接的話，就有可能是因為注意力過度集中在某處的關係。

這種時候只要告訴孩子該看哪裡、該以什麼順序來看，說明「看的地方」與「看的順序」，便能解決這個問題。

2 聽覺

與「聽」相關的各種能力，我們統稱為聽覺。聽覺可分為用耳朵聽到聲音的能力、以及分辨聲音的能力。

● 耳朵聽到聲音的能力

聲音有 2 種傳導方式，分別是藉由位於耳朵內部的鼓膜受到振動所傳導的聲音，以及藉由頭骨振動所傳導的聲音。

當你聆聽自己說話的錄音時，是否覺得好像在聽別人的聲音一樣呢？當我們在說話時，鼓膜與頭骨都會受到振動，聽到自己的聲音。不過，錄音中的聲音只會藉由鼓膜振動來聆聽，因此聽起來跟平常自己聽見的聲音感覺很不一樣。

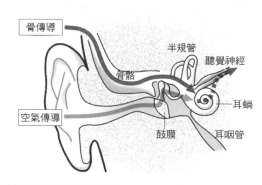

若是當別人說話時經常沒聽見、對較大的聲音沒有反應的話，請至耳鼻喉科或專門機構接受檢查。

● 分辨聲音的能力

分辨聲音的能力是每個人與生俱來的。從在子宮裡就能經常聽見媽媽的聲音，只要聽到媽媽的聲音就能感到安心、開心得動來動去。

另一方面，據說從出生後 9 個月左右，便能開始察覺出母語中的細微聲音差異。在學習語言時，分辨聲音可說是絕對不可或缺的能力，只要多聽就可以培養這項能力。不要只是聽電視與 CD 的聲音，最重要的是大人要多直接對小孩說話，讓孩子多聽大人的聲音。

◉ 聲音是從哪邊聽到的呢？

當我們聽見聲音時，判斷聲音方向來源的能力被稱之為聽覺定位；而聲音的方向來源是藉由左右耳聽見的聲音大小及高低來判斷。若是孩子不會往聽見聲音的方向回頭、無法找出聲音來源的話，可能就是聽覺定位方面出現了問題。

◉ 何謂聽覺敏感

其實有不少孩子都會對於較大的音量、吵雜的環境感到不適，而想要逃離該場合，或是用手摀住耳朵，顯得對聲音特別敏感。建議可戴上耳塞或耳罩，讓外界的音量變小，甚至是聽不到外界聲音，孩子便會感到輕鬆許多。

不只是聲音大小與高低，聲音的種類（不喜歡金屬音、鼓音）與聆聽聲音的環境（喜歡家裡車子的聲音、卻討厭外面行駛車輛的聲音）都會造成影響。當孩子表現出聽覺敏感的情形時，最好要調查看看孩子究竟是對於哪些聲音比較敏感。

◉ 沒有在聽別人說話？還是聽不見別人說話？

明明說了好幾次，但孩子還是完全沒有回應；就算已經說了要孩子仔細聽清楚，孩子卻依然沒有在聽……。這樣的孩子也許並不是真的沒有在聽別人說話，可能是聽不見別人說話。

可以一邊看電視一邊說話，在人群混雜中依然可以聽見身旁的人說話，這些都是因為有能力在眾多聲音中只聆聽人聲的緣故。

若是孩子沒辦法只聽取必要聲音的話，可能就會因為聽見電視聲或汽車聲，導致沒聽到老師說的話，在吵雜環境中也會感到特別吵。建議在對孩子說話時關掉電視，或是走到安靜的房間裡說話，打造出適合聆聽的環境也是很重要的一環。

3 前庭覺

身體搖晃、傾斜、旋轉等感覺，是藉由耳朵內部的半規管及前庭來感知，這種感覺被稱作為「前庭覺」。

● 運動時不可或缺的前庭覺能力

前庭覺是在控制身體平衡時必須的能力。當你閉上眼睛單腳站立時，是否能保持平衡、不跌倒呢？

當一個人單腳站立時，前庭覺便會發揮感受的功能，為了保持直立姿勢，會在無意識中用肌肉出力。

反之，若是前庭覺不易感知的話，就不容易察覺出自己的姿勢歪斜，在快要跌倒的瞬間身體無法及時出力，當然很容易跌倒。

在用餐或畫畫等需要面對桌子的場合下，若是孩子無法維持固定的姿勢，或是不擅長下樓梯、不敢走在凹凸不平的道路上，就有可能是前庭覺感知的能力不足。

● 控制身心的前庭覺功能

前庭覺是與控制心情、心跳的自律神經有密切關聯的一種感覺。

在溜滑梯、從高處一躍而下、乘坐雲霄飛車時，都會感受到強烈的前庭覺。

強烈的前庭覺會提振心情，讓人變得興奮起來，心跳也會變快；反之，就像是抱著小寶寶慢慢左右搖晃哄睡時，微弱且規律的前庭覺則能使心情沉澱下來、讓心跳變慢。

前庭覺敏感的孩子，只要感受到些微的搖晃與動作，便會無法鎮定下來，心臟撲通撲通地跳，容易處於緊張狀態。可能會過於害怕溜滑梯、不敢玩盪鞦韆，也不敢爬往高處等。

● 前庭覺感知能力不足會容易想睡？

若是前庭覺感知能力不足的話，即使接收到強烈的刺激，也只會感受到微弱的刺激而已，心情不易起伏，因此會容易覺得想睡。總是動來動去、

靜不下來、反覆地玩溜滑梯、喜歡從高處往下跳、以高速玩盪鞦韆的孩子，可能就是前庭覺感知能力不足，為了不讓自己想睡所以才一直動個不停。

● 為什麼會暈眩？

當前庭覺察覺到身體正在旋轉時，會配合身體的旋轉，讓眼睛保持在一定的位置上，不讓視界產生晃動（前庭動眼反射）。

有時候身體旋轉得太快，雙眼可能會來不及保持在一定的位置，當身體停止旋轉後，眼睛還可能繼續轉動。此時，由於眼睛轉動、導致視界晃動，才會感到「頭暈目眩」。

若是前庭覺較敏感的孩子，當身體在旋轉時可能無法靈活地調整眼睛的位置，眼睛會很快就跟著轉動，使得身體覺得不舒服、噁心想吐。另一方面，若是前庭覺遲鈍的孩子，無論身體再怎麼旋轉，都不會覺得暈眩。

4 味覺

感受「味道」的能力，我們統稱為「味覺」。味覺是人類賴以維生的基礎——飲食中絕對不可或缺的感覺。

● 感受到味道的機制

人類能感受到的滋味共有鮮味、甜味、鹹味、苦味及酸味等 5 種。

位於舌頭的味覺感受細胞，一旦變髒了就不容易感受味道。因此，也有些孩子會因為總是食不知味、無法感受到美味而不喜歡吃東西。應養成刷牙及漱口的習慣，定時清潔舌頭，去除口中的髒污。

● 味覺的發展

人類從甫出生開始就能感受到鮮、甜及鹹的美味之處，等到習慣苦味與酸味之後，也能漸漸從苦與酸中感受到美味。有些孩子特別不喜歡帶

有苦味的魚及蔬菜、具有酸味的優格與醋漬物，就是因為還不習慣苦味及酸味，對這兩種味道比較敏感的緣故。料理時不妨將蔬菜切小切碎，再加入甜味，讓孩子第一次品嘗該蔬菜時不會感到「苦」或「酸」。在烹調時運用一點小巧思，也是很重要的一環。

◉「吃不下去」是味覺出了問題嗎？

挑食、偏食的原因不光只是因為味覺而已，也有可能是不喜歡該食物的外型、口感、氣味等等，原因不一而足。如果只是在烹調方面下功夫，會對烹調的人造成很大的負擔，因此不妨也試著花點心思改善飲食環境。

孩子是否經常一個人用餐，就算與大人一起用餐也總是在看電視呢？建議大人應陪著孩子一起用餐，表現出美味地享用美食的表情，讓孩子湧現出「好想吃吃看」的心情。

此外，有些食材使用筷子並不好夾，也會讓人失去想要品嘗的興趣。建議選擇孩子方便使用的餐碗，依照當天的菜色準備湯匙或叉子讓孩子使用，這也是關鍵之一。

5 嗅覺

嗅覺主要是感知「氣味」、「香氣」的功能，屬於五感之一。以嗅覺感知氣味就能區分出食物是否腐敗，判斷該食物是否可以入口，因此可說是最本能的一種感覺，就像是一種雷達，可以保護自己避免受到外界危險的影響，即使是在就寢時，嗅覺依然持續發揮作用、沒有一刻休息。

另一方面，對於氣味的喜好每個人都有所不同，對於某人而言舒適好聞的香味，並不見得所有人都會這麼覺得。

◉ 嗅覺的發展

當小嬰兒一睜開雙眼，就能夠尋找母親的乳頭，這就是因為嗅覺發揮了功能，讓小嬰兒出生後 1～2 天就能判斷出氣味。事實上小寶寶在母體內時，就已經在聞羊水的氣味了。因此，小嬰兒對於媽媽以外的人的氣味相當敏感，只要被陌生人抱可能就會嚎啕大哭。

◉ 味道會強烈連結起情感與記憶

一般認為嗅覺是五感當中與情感、記憶連結最強烈的一種感受。這是因為其他感受都會經過大腦再傳遞到負責掌控情感與記憶的「大腦邊緣系統」，但唯獨只有嗅覺是直接傳遞到「大腦邊緣系統」的緣故。

因此，我們可以藉由嗅聞某種氣味，回想起開心的往事、獲得安全感。

◉ 臭味會讓身體狀況變差

對於某些場合或特定物品感到排斥的孩子，問題可能就出在氣味上，也許孩子是對於香菸、線香或花香特別敏感也說不定。一般人可能一點也不在意的氣味，對某些孩子而言卻可能會引發過敏，或是使情緒焦躁不安，甚至還會讓身體狀況突然變差。

由於臭味無法以肉眼辨別，有時候大人可能會對於孩子的反應完全摸不清頭緒。當孩子出現原因不明的不悅、厭惡反應時，不妨從周遭環境的氣味開始下手解決。

◉ 在意某些人事物的氣味

有些孩子會想要嗅聞各種物品，或是初次見面的人的氣味。對孩子而言，這個行為或許是在確認這個地方是否安全、也有可能是因為發現了自己喜歡的氣味而表現出感興趣的模樣。

因此，就算這個行為可能會造成與周遭旁人產生摩擦，有些孩子還是很難改掉這個行為。若孩子表現出很想嗅聞氣味的模樣，不妨讓孩子隨身攜帶一個可以讓他放心、喜歡的物品，也許就能減少孩子跑去嗅聞別人的頻率。

◉ 與偏食之間的關聯

孩子對於食物的喜好是否很強烈、甚至會偏食呢？或許不只是食物的味道而已，散發出的氣味也會對孩子的食慾產生影響。有些孩子會對於青

椒、起司、胡蘿蔔等具有獨特香氣的食物感
到排斥，也有些孩子是特別不喜歡咖哩等辛
香料的氣味、魚類的腥味。

　　儘管有很多食物都具有特殊的氣味，不
過有時候只要改變一下食物的氣味，孩子也
許就能接受了。像是起司或牛奶可以改買不
同種類或品牌、胡蘿蔔加熱烹調後便能讓氣味消失，也許孩子就不會感到
那麼排斥了。最重要的就是要先了解孩子對於氣味的接受度。

6 皮膚感覺
（觸覺‧壓覺‧痛覺‧溫度感覺‧癢覺）

　　　　皮膚可以感受到各式各樣的刺激，目前我們已知觸覺早在胎兒時期
就開始發展，胎兒能夠意識到自己觸碰到東西的感覺。而且不僅止於知
道自己觸碰到東西，還能辨別出肌膚紋理等表面的質感，還能判斷出細
小的凹凸不平。

　　　　當別人觸碰自己的力道較強時，我們稱之為壓覺，也就是當皮膚被
壓時會感受到壓力。此外，為了保護身體，我們也會感受到疼痛與溫度，
近年來癢覺也被獨立出來，屬於皮膚的感覺功能之一。

● 能夠保護身體的皮膚感覺

　　上述的這些皮膚感覺全都是為了保護身體
而存在的功能。由於皮膚具有觸覺，才能以全
身感受到被母親擁抱時的舒適感；也能感受外
在環境的冷熱來調節體溫。

抱緊緊～！

　　藉由感受到痛覺，我們才會移動身體來避
開那些會令人感到疼痛的物品，以哭泣的方式
來讓別人得知自己感受到痛楚。

　　這些都是在發展初期便開始發揮作用的感覺，在情緒方面也帶來莫大
的影響。舉例來說，由於嬰兒是藉由與母親的身體接觸來獲得安全感，因
此嬰兒會反覆接觸母親來加深安全感與信任感。

另一方面，要是被陌生人觸碰的話，則可能會感受到強烈的不安、厭惡與恐懼感。藉由觸覺可以培養出愛意與心靈上的成長，並學會保持自己與他人的距離。

● 感受因人而異

儘管皮膚感覺是非常重要的功能，但每個人的感受卻有所不同。像是換了一個枕頭就會睡不著覺、只要抱著心愛的玩偶便能感到放心等，皮膚感覺也會影響到心情。有些人可能會討厭史萊姆或泥巴的觸感，或是不喜歡摸起來刺刺的毛線，這就是因為每個人對於這些物品的感受都不相同。

雖然有些孩子不喜歡被別人觸碰，不過卻可以主動抱住大人的背後，在行為上也會出現個人特質，這是因為被別人觸碰與自己主動觸碰別人時的感受並不相同的緣故。

● 不便之處與解決方式

與皮膚感覺較敏感的孩子接觸時，有些孩子可以接受提前告知的方式，只要先告訴孩子接下來會觸碰到他，孩子就可以接受。另外，也必須考量到接觸的力道強弱。

如果孩子不喜歡穿某些特定的衣服，在穿著之前可以先讓孩子隨意觸摸那件衣服，讓孩子事先確認那件衣服感覺起來安不安全。有些孩子會很排斥從蓮蓬頭撒落的大量水珠，但如果是裝在水桶裡的水則可以接受。

最重要的就是要留意日常生活中相關的觸覺問題，與孩子信賴的大人一起嘗試，先從不那麼敏感的部位開始試著觸摸。此外，比起用手指或指尖接觸，以整個手掌接觸會是比較容易接受的方式。觸摸的力道稍微強一點會比較好，因為輕輕觸碰反而容易引起強烈的排斥反應。

孩子若有不喜歡的觸感，可以試著以上述的方式來解決，另一方面孩子也會有特別喜歡的觸感與壓覺。有些孩子會喜歡特定材質的布、有些孩子則是握著橡膠球等物品會特別感到安穩，因此當孩子接觸到不喜歡的觸覺刺激時，可以利用孩子喜愛的感覺來撫平心情，這招通常會很有效。

只要能靈活運用這個方法，便能慢慢減輕孩子對於特定觸覺的排斥感。千萬不要強行逼迫孩子習慣他討厭的事物，而是應該營造出一個就算觸摸了討厭物品也能感到安心的環境，這才是最重要的。

⑦ 深層感覺
（關節覺【位置覺・運動覺】・震動覺・深層痛覺）

　　身體的關節與肌肉能夠感受到動作，我們稱之為深層感覺。深層感覺包含了能感受到位置的位置覺、感受到動作的運動覺、接觸到物品所感受到的阻力與震動等震動覺，以及可以感受到肌肉與關節疼痛的深層痛覺。

　　雖然大家可能對這些詞彙並不熟悉，不過在我們沒有意識到的情況下，平常的生活卻最依賴這些感覺過活。舉例來說，穿衣服時我們可以自然而然讓雙手穿過袖子、即使在陰暗的房間裡也能打開電燈開關等，在雙眼看不見的情況下我們還是可以知道雙手應該伸往哪個位置，這就是深層感覺的功勞。

◉ 感受位置與動作的重要性

　　在我們的生活中，畢竟不可能用雙眼確認過所有的物品後再採取行動。像是在上下樓梯時，只有年紀還小的時候才需要一一確認階梯高度，慢慢長大之後便可以在上下樓梯時一邊說話，甚至是一邊搬運大型物品，此時就是位置覺與運動覺發揮了作用，讓我們不至於在樓梯上跌倒。

　　像這樣在看不見的狀態下，我們還是知道手、腳、手指形狀是什麼狀態的能力至關緊要。深層感覺不敏感（無法意識、或不易明白深層感覺）的孩子，可能會沒辦法好好洗臉、沖不乾淨頭髮上的泡沫、需要花很多時間穿衣服等，在生活上可能會遇到很多困難。

　　此外，也可以推測這樣的孩子在把腳伸進暖桌時會不知道雙腳的位置，手指明明很靈巧、卻總是扣不好鈕子，跳舞時就算看了別人的示範卻還是跳不好等等。

● 面對重量與阻力

在搬運輕物與重物時，需要花的力氣並不相同，此時深層感覺也會派上用場。將牛奶倒進杯子時，手上拿著的牛奶盒重量會漸漸減輕，如果從頭到尾都以同樣的力道倒牛奶的話，牛奶就很容易會灑出來。

深層感覺讓我們能察覺出這些些微重量的改變，並藉由調節力道來順利完成手上的動作。反過來說，沒有辦法順利倒牛奶的孩子，也許就是不擅長感受重量，或是難以調整自己的力道。

若孩子比較難以感受重量與阻力的話，在玩擠饅頭遊戲（註：孩童們背對背圍成圓圈，一起往圓中心推擠的遊戲）時可能會太用力推擠、粗魯地對待物品、總是大力地開門關門等等。乍看之下會給人很粗暴的感覺，不過這些行為的背後可能隱藏著深層感覺方面的困難。

● 感覺是所有運動的基礎

如上方所述，孩子無法靈巧地活動手腳、不善控制力道的背後，深層感覺占著舉足輕重的位置。由於深層感覺是控制運動的基礎，因此像是踩三輪車、在單槓向上旋轉、攀爬立體格子鐵架等這些動作也都與深層感覺大有關聯。

應該趁孩子還小的時候，盡量多活動身體、累積運動的經驗，讓孩子的深層感覺逐漸發展。同時也可藉由肌膚接觸，讓孩子意識到手腳的位置與動作，一般而言，玩公園裡的遊具也能促進深層感覺的發展。

8 感覺處理模式
（低感覺登錄・感覺尋求・感覺敏感・感覺趨避）

有些孩子可能會對於自己感受到的感覺，以及從外界傳來的感覺過於敏感，或是完全無動於衷。會發生這樣的情況，主要是因為孩子沒有辦法妥善處理自己接收到的感覺資訊的緣故。

舉例來說，不管呼喚了多少次、孩子都恍若未聞，或是對於觸碰到物品及痛覺感受很遲鈍，這些都是因為孩子對於對感覺刺激反應較弱的關係。

● **該如何面對孩子的感受方式**

如果孩子像上面的描述一樣，對於刺激比較「遲鈍」、無法立刻掌握狀況的話，就應該多加留意了。有些孩子可能比較難以注意到聲音與痛覺，因此無法立刻做出反應。如果又難以留意到別人存在的話，就會發生即使呼喚他也毫無反應、感受到疼痛也不會向別人訴說的情況。

另一方面，就算　樣都是反應較弱的孩子，有些人卻會傾向由自己主動追求感覺上的刺激。這樣的孩子會一直玩水、玩泥巴玩個不停，也可能會以很大的音量來聽音樂；動不動就爬上高處，一開始玩溜滑梯與彈跳床就會沒完沒了。

反之，也有些孩子會對於感覺上的刺激做出非常強烈的反應。像是害怕電車的聲音、聽到運動會上的鳴槍聲會感到恐慌、對於校園廣播或避難演習鈴聲感到焦躁不安、

怎麼玩這麼久～

極端地討厭某些特定的衣服、盪鞦韆搖晃時會覺得非常不安等，雖然每個孩子的反應都並不相同，不過上述的這些狀況可能不只是感覺敏感而已，也有可能是孩子會放太多注意力在自己不擅長面對的刺激上，或是一次沒辦法處理太強、太多的刺激。

　　無論何種狀態，主要都是因為沒辦法恰當地接受感覺刺激的緣故。如果孩子不喜歡運動會上的鳴槍聲，可以用舉旗等非聽覺上的方式取代鳴槍；若孩子不喜歡衣服上的標籤，則建議將標籤處理掉，在各方面考量到孩子的情況，盡可能配合孩子。

9 認知功能　① 運動計劃能力

　　如果是以往做過好幾次的運動，一般而言都可以做得越來越靈活流暢，不過，如果是從來沒做過的運動，無論是誰都沒辦法在一開始就做得很好。若是從未做過的運動，就必須先看別人示範，才能在腦海裡做出想像。

　　讓身體照著腦海裡的想像做出動作，這就是所謂的運動計劃能力。人體是運用運動計劃能力架構出運動的步驟順序、動作的範圍與力道輕重、調整速度、決定節奏與時機。也就是說，運動計劃能力是利用平常沒有意識到的感覺為基礎，嘗試全新運動的能力。當然，這些也都需要前庭覺（P173）、深層感覺（P179）與調整運動的能力，不過要是孩子的運動計劃能力不佳，也就可能會難以挑戰新的運動了。

◉ 孩子的運動計劃能力不佳會怎麼樣呢？

　　要挑戰全新運動時，一定要先進行思考。舉例來說，當孩子在攀爬肋木架、立體格子鐵架時，要考慮手腳擺放的位置。若是運動計劃能力不佳的孩子，就會比較不擅長思考手應該要擺在哪裡、腳應該要抬到多高、接下來該移動到哪一根鐵架上才好等等。

　　由於這樣的孩子並不是因為沒有能力攀爬才做不到，因此只要在手腳擺放位置做上記號，在旁邊稍微幫忙，孩子就可以順利攀爬上去。

　　此外，面臨新遊具時思考要怎麼玩、看到帶動唱的舞蹈動作要試著模仿時，也都跟運動計劃能力有關。有些孩子在節奏遊戲中老是對不上拍子，吹口風琴時也總是在同樣的地方出錯。如果是不擅長控制力道的話，

練習敲開蛋殼時，也需要花上一段時間才能抓好力道不把蛋黃弄破。此外，像是跳竹竿、跳繩等運動，就算練習了也可能還是無法抓住動作的時機，沒辦法做得很好。

◉ 慢慢累積自己做得到的經驗

如果是運動計劃能力需要加強的孩子，會比較不擅長主動挑戰新事物。在孩子表現出逃避挑戰新事物的態度之前，最重要的就是要多讓孩子累積自己做得到的經驗。例如一開始嘗試肋木架時，只要先試著爬上一格；在玩節奏遊戲時，也只要試著跟上一段音樂與歌詞就好，先從孩子可以做得到的範圍開始嘗試。

如果是由人來示範的話，動作會不斷改變，因此可以利用照片或圖畫將每個動作分解視覺化，或是以言語從旁說明，盡量配合孩子的能力給予幫助。藉由以言語表達，可以讓孩子意識到身體的動作，也能一一確認每一個動作是否正確。另外，把動作分成好幾個步驟，也能讓孩子更容易掌握整套動作的流程。運動計劃能力較弱的孩子基本上還是可以做到一個個的動作，因此請陪著孩子多花一點時間把動作連接起來吧！

⑨ 認知功能　② 視知覺

所謂的視知覺，指的是能明確認知眼前所見物品的能力。舉例來說，在許多形狀當中找出某個特定的圖形、指出與範本同樣的圖形、可以找出與畫在平面上的立體圖形一樣的實際物品等，能正確掌握眼前所見物品（視覺資訊）的能力。

◉ 在生活中各種場合都必須擁有的功能

在日常生活中，無論是走路、寫字、操作筷子、跳繩、傳接球等，視知覺都是絕對不可或缺的功能之一。

走路時經常跌倒的孩子，也許正是因為沒辦法正確掌握地上的物品與自己的距離有多遠，或是沒有正確理解物品的大小與長度等都有可能。

此外，若孩子在用餐時沒辦法將食物順利送進口中，除了是不擅長操作筷子之外，也有可能是因為無法順利辨別餐盤裡的配置與食物的緣故。在運動時，由於身體必須要跟著正在轉動的繩子或球一起移動，因此也一定要能夠明確掌握動態物品的距離與位置才行。

上述的這些能力，有些孩子就算可以確實轉動眼球，卻依然很難明確注視並認知到物品的正確資訊。

● 在學習上會遇到許多困難

若是孩子不擅長認知形狀的話，在學習上也會遇到許多困難。像是在學習寫字時，無法正確地認識文字，很可能會寫成鏡像，或是不清楚線條的長度，例如分不清楚「二」、「三」的橫線長度何者為長、何者為短等等。

此外，由於這樣的孩子沒辦法記住寫在黑板上的文字形狀，要謄寫在筆記本上可想而知就得花上許多時間。在學習圖形時可能無法將點與點之間連結起來、無法辨識線條與線條之間的交會等等。此外，也可能不會看地圖、找不到地圖上的符號。

這樣的孩子即使在日常生活中沒有出現太大的問題，但是在學習上遇到比較複雜的資訊便會無法處理，感到非常困難，因此也會有逃避課業學習的情況發生。

● 與眼球功能的關聯

視知覺是認知眼前所見物品的能力，跟眼球運動與視力並不相同。在孩子的發展上，要到 4 ～ 5 歲兩眼的視覺功能才會近乎發展完成，從這個階段開始，使用雙眼的活動會變得越來越重要。到了 8 ～ 12 歲左右，視覺功能會變得更穩定。在視覺功能發展完成時，視知覺會同時開始發展，因此若是在視力方面出現近視、散光等問題的話，視知覺方面也很有可能會出現問題。等到孩子就學後，若擔心孩子視力有問題的話，一定要及早矯正。唯有對視力問題做出恰當的應變措施，才能讓視知覺順暢發展。

● 與視知覺發展相關的能力

藉由視知覺的發展，可以讓孩子學會將正確認知到的物品歸納整合的能力，像是將許多積木拼成一個較大的形狀、看到缺了一塊的圖形時可以找出正確契合的圖案。若是孩子不擅長分類或整理歸納，在做勞作時便很難做出與範本一模一樣的形狀；就算給孩子看了範本實品，孩子可能也無法察覺出藏在內側的部分究竟是什麼模樣。

這樣的孩子在日常生活中很可能不善於收拾物品。因為收拾物品時必須要將同種用途的物品一起歸類，將書本、紙張依照大小排列，但由於這樣的孩子不會歸納整合，自然沒辦法好好收拾物品，便容易被誤以為是不愛整潔的孩子。

建議可將同種用途的物品標上同樣顏色的記號，再裝進同種顏色的箱子裡，考量孩子的情況以恰當的方式幫助孩子學會整理歸納。

這樣的孩子也因為視知覺功能不發達的緣故，在製作作品與學習上會顯得比較不靈活，若孩子真的很不擅長歸納整理的話，就必須採取孩子容易理解的順序與方法來指導孩子。

⑨ 認知功能　③ 語言功能

> 「語言」是在與人溝通時非常方便的工具。在孩子的發展過程中，由於語言是比較明顯可看出差異的一環，因此也許有很多人都會擔心孩子的語言發展較慢、發音不佳等情形。

● 姿勢發展與語言學習

雖然剛出生的嬰兒並不能理解語言，卻會藉由聆聽大人的聲音、觀察大人的動作來學習語言。在學習語言上最重要的能力其實就是「凝視能力」。

小寶寶大約長到 3 個月左右時頸部會變硬，可以長時間盯著媽媽的臉、或是喜歡的玩具。到了 5 ～ 6 個月左右會坐，開始對於大人看到的世界感到好奇，7 ～ 8 個月時便可以坐著轉頭、東看西看了。

此時，小寶寶可以看往大人手指的方向，也可以一邊看繪本、一邊用手指指繪本中的圖案。因此大人可以一邊用手指著物品、一邊告訴孩子物品的名稱，或是一邊用手指著繪本、一邊念繪本給孩子聽，讓孩子漸漸學會物品的名稱。所以我們可以得知，姿勢發展與語言學習之間有著非常深的關聯。

如果孩子的頸部遲遲沒有變硬、也沒辦法自己坐好的話，請家長要刻意多對孩子說話、陪孩子玩，讓孩子對大人及周圍的物品感興趣。另外，為了讓孩子更容易看見玩具與繪本，必須盡量幫助孩子支撐良好姿勢、準備好坐的椅子等，好好整頓環境也是很重要的一環。

● 模仿動作與模仿語言

小寶寶非常善於模仿，在 9 個月左右就會開始模仿大人的行為舉止，像是揮手、摸頭等動作，而且也會將動作與語言連結起來，例如在揮手時說：「拜拜」、摸頭時說「好棒好棒」等，開始模仿大人的語言。

當孩子把動作與語言連結起來後，想要吃點心時就會把手伸出來說：「要吃」，不想做某事時也會一邊搖頭一邊說：「不要」，像這樣慢慢學習如何向大人表達自己的心情。

另一方面，當孩子只用肢體語言來表達心意時，大人也要在旁邊提示孩子：「是不是要吃呢？」、「是不是不要呢？」，幫助孩子將動作與語言連結起來，也有助於發展孩子的語言溝通能力。

● 以球類遊戲練習對話

在玩球類遊戲時，可以讓孩子輪流扮演「投球者」與「接球者」的角色，這跟用語言溝通時的「說話者」與「聆聽者」的角色扮演，其實有異曲同工之妙。

如果孩子經常一個人自顧自地講個不停，或是完全不回應對方、不知道到底有沒有在聽人講話的話，不妨讓孩子多玩球類遊戲等需要輪流交換角色、會活動到身體的遊戲，也能對學習語言溝通有幫助。

◉ 確實咀嚼飯菜

若是孩子遲遲不會說話，或是因舌頭不靈活而無法正確發音的話，有可能是因為不善於控制嘴巴周圍與活動舌頭的肌肉，導致影響語言發展。

這樣的孩子在用餐時可能會出現飯菜從嘴巴旁邊漏出來、無法吃堅硬食物的情形。要是太急於催促孩子說話、矯正孩子正確發音，可能會讓孩子產生「不想講話」、「擔心自己又說錯」的心情，反而變得越來越討厭說話。

此時，不妨藉由能活動的嘴巴周圍與舌頭肌肉的遊戲（吹泡泡、在水裡吹氣、張大嘴巴發出大聲音量等），讓孩子做好說話的準備。

◉ 拓展語言的深度與廣度

學習語言有二大重要關鍵，第一個是「拓展語言的深度」，針對某種物品多做描述，例如：「蘋果是紅色的、圓形的」；第二個則是「拓展語言的廣度」，從一個物品延伸出其它物品，例如：「蘋果是水果，也是香蕉、橘子的好朋友」。

尤其是在學習「拓展語言的廣度」時，可以讓孩子了解到事物之間的關係與關聯。此外，拓展語言的廣度也能幫助孩子理解「快樂、有趣、悲傷、痛苦」等無法用肉眼見到的感受，以及「大、小、長、短」等概念。

蘋果是紅色的、圓形的

蘋果跟香蕉是好朋友

10 執行功能　① 有效率地解決問題的能力

> 　　像是思考一整天的行程、安排待辦事項的順序等，在生活中有許多場合都需要用到推測能力來安排事情。像這樣推測接下來會發生的事、並妥善處理的能力，究竟要到幾歲才能發展完成呢？

● 對時間的感覺

　　像是「在 30 分鐘內要把作業寫完」、「○○點要從家裡出發才不會遲到」等，在日常生活中「時間」絕對是非常重要的一環。這類對時間的感覺，必須藉由觀察時針移動等視覺訊息，以及聆聽碼錶或鐘聲等聽覺訊息才能培養出來。

　　如果孩子總是無法在規定的時間內完成作業、平常也總是遲到的話，也許就是因為沒辦法掌握時間的概念，開始寫作業與出發的時間太晚的緣故。家長平時在提醒孩子時，不要只告訴孩子結束的時間：「在○○點之前要做完」，同時也要告訴孩子開始的時間：「到了○○點就要開始做」，這點非常重要。

從 2 點開始等到時針走到下面就結束囉

● 決定優先順序與步驟

　　從早上起床到出門這段時間內該做的事，包括了換衣服、洗臉、吃早餐、刷牙、準備書包等，步驟非常繁雜。應該有不少家長都很煩惱孩子早上動作總是慢吞吞、遲遲無法出門吧！

　　大人可以在換衣服時一邊思考早餐內容，在刷牙時一邊確認待會要帶哪些東西出門，有效率地準備出門。在腦海中浮現待會有哪些事情要做，決定要從哪一件事開始（優先順序）、該怎麼做（步驟）的能力，絕對是追求效率不可或缺的關鍵。

　　這樣的能力從小時候就會慢慢培養，到了 15 歲左右，便能跟大人一樣思考優先順序與步驟了。

　　即使對年紀還小的孩子說：「快點準備出門」，孩子也不知道該怎麼做才好，行動當然也會很沒效率。

建議把每個步驟都分開來一一提醒：「先做○○」、「再做○○」，或是將該做的事按順序寫在紙上貼在顯眼處，教導孩子優先順序與步驟，便能讓孩子更順利完成待辦事項。

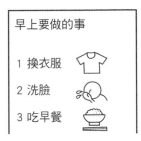

早上要做的事

1 換衣服

2 洗臉

3 吃早餐

◉ 加強記憶力

你是否也有過這樣的經驗呢？回家後明明提醒孩子：「先去洗手，整理書包，再吃點心」，但孩子卻是「洗好手之後沒有整理書包就直接吃點心了」。

如果是大人的話，就算一次聽到好幾個指令，也能夠全部記住並做好。而且，只要決定好「在洗衣機洗衣服時洗碗，接下來再燙衣服」等優先順序與步驟，就能把這 3 件事都毫無遺漏地全部做好。

不過，由於孩子一次能記住的量非常少，要是一次下了好幾個指令，孩子也可能全部都不記得。而且就算已經決定好優先順序與步驟，若是做到一半時看了一下電視、玩了一會兒玩具，就很有可能會把自己剛剛做了哪些事、接下來該做什麼事都忘得一乾二淨。

在下指令前，應先確認孩子有沒有在聽自己說話，而且要先把電視關掉、整理好玩具，整頓出一個能讓孩子專注做事的環境，這點非常重要。另外，也可以讓孩子玩環狀運動，像是「先轉 3 圈圓圈，再去跳箱，最後把球丟到牆上」，不斷反覆循環，讓孩子一邊運動身體、一邊以好玩的方式加強記憶力。

◉ 了解自己的能力

連大人都不敢往下跳的高處，孩子卻會想要從上面跳下來；在賽跑時孩子也會自信滿滿地表示：「我一定會跑得比老師還快！」。其實孩子要到 6 歲左右，才能正確判斷自己的能力，了解到「大概這樣的高度才能跳下來」、「自己的腳程速度大概有多快」。

必須從小慢慢累積經驗，反覆嘗試從高處跳下來會痛、賽跑時會輸給大人等，孩子才能確切掌握自己的能力。到了 6 歲左右，孩子便能判斷出「這個挑戰對自己而言是簡單還是困難」。

到了 10 歲左右，便能預測自己需要多少時間來完成某件事，像是「這件很難的事需要花 20 分鐘，那件簡單的事只要 5 分鐘就能解決」。而且在完成之後，還能比較實際結果與自己預測的結果，「本來以為洗碗需要花 15 分鐘，結果只要 5 分鐘就洗好了！」像這樣逐漸更敏銳地掌握自己的能力。

如果是還無法掌握自己能力的孩子，便無法按照計畫在時間內完成該做的事，也沒辦法妥善決定優先順序與步驟。

不妨跟孩子一起觀察比對看看，做出的結果是否符合自己的預期、還是跟自己想像的有所不同，這麼一來便能漸漸學會掌握自己的能力了。

10 執行功能 ② 控制情緒與行為的能力

> 在轉換情緒、專注做事、同時注意好幾件事、解決任務時，控制情緒與注意力的能力就顯得格外重要。

◉ 情緒與注意力是哪裡在控制的呢？

像是「我要認真做好！」這種想要努力的心情、「要不要這樣試試看呢？」這樣的想法，都是由頭部前方的額葉發揮作用所產生。額葉能製造出想好好努力的心情，想到各式各樣的靈感，也能讓人專注做事、注意各種情況、順利解決任務等，也就是所謂掌控情緒與注意力的部位。

額葉會在 3 ～ 5 歲左右急速發展，接著繼續慢慢發展，到了 15 歲左右便能發展出與大人幾乎相同的能力。也因此小孩不善於轉換心情，一旦心情不好就會立刻生氣，在用餐時要是注意到電視，便會花許多時間才能吃完飯，無法妥善控制心情與注意力。

◉ 以言語控制情緒與行為

到了 5 歲左右，孩子能學會大量言語，可以用言語來表現出自己的心情，也能夠流暢地說出今天發生了什麼事。等到孩子發展出以言語來說明

的能力之後，便能在腦海裡思考：「先忍耐不要看電視，趕快把衣服換好！」、「為了爬上更高的立體格子鐵架，這次要從這一邊開始挑戰！」也能妥善控制自己的心情。

若是孩子還沒辦法妥善控制心情的話，也可能是因為不擅長用言語來說明自己的心情與情況的緣故。

這種狀況下，大人不要只是提醒孩子：「趕快換衣服」，而應該要說：「忍耐一下不要看電視，先把衣服換好吧！」以言語教導孩子轉換情緒的方法；當孩子想要爬立體格子鐵架時，也要用具體的言語告訴孩子：「從這邊也可以爬到上面，再試一次看看吧！」，用言語讓孩子注意到還有別的方法，這麼一來就能讓孩子將言語與心情一點一滴連結起來，逐漸學會自己思考。

● 沒辦法努力到最後，是因為沒有幹勁嗎？

明明跟孩子說了好幾次「快去做」，孩子卻遲遲不開始動手，很快就散失注意力，或是做到一半就放棄……。

你是否也很擔心孩子為什麼就是無法好好努力呢？想要順利完成手邊該做的事，就必須從電視與遊戲等好玩的事情中抽離出來，即使很疲倦也得要集中精神，注意各種情況等，因此是否能好好控制注意力，就是最重要的關鍵。

不管再怎麼有幹勁，若是沒辦法妥善控制注意力的話，便無法順利做好該做的事情。如果出現了非做不可的事情，最重要的就是要先整頓出一個不會讓孩子分心的環境；花點巧思讓那件事情本身變有趣，也是重點之一。此外，據說專注做事的時間，在 10 歲之前便會漸漸拉長。

年紀尚小的孩子由於能專注的時間較短，因此也需要配合孩子的能力，花心思調整作法與內容，也要配合孩子能專注的時間長度，在中間安插休息時間。反之，也有些孩子會過於專注，埋起頭來完全不理會周遭旁人。其實過度專注會讓有效視野變窄（請參考 P172），沒辦法有效率地做事，最好要先指導孩子應該把注意力放在哪些地方及順序等，讓孩子做起事來更有效率。

◉ 運動能力與注意力的控制

當小寶寶會自己坐著之後，便會對周圍事物開始感到有興趣，也會開始玩玩具。此時，若是坐姿不穩的話，注意力就會同時分給「坐好」與「玩玩具」上，沒辦法只專注於玩玩具。

同樣的，若孩子在椅子上總是沒辦法維持固定坐姿、運動時總是難以掌握平衡感的話，注意力就會同時分給「端正坐好」與「讀書」，或是「掌握平衡感」與「運動」上，造成孩子沒辦法專注讀書、靈活運動。

雖然大人也是一樣，在疲倦時難以集中精神，不過年紀尚小的孩子由於缺乏體力，更容易感到疲倦，因此也無法長時間維持專注。為了讓孩子的姿勢更穩定、更能掌握平衡感，建議讓孩子多鍛鍊身體，藉由運動遊戲來培養體力，也是非常重要的一環。

11 運動等
（肌力‧持久力‧平衡感‧大動作‧運動功能‧協調運動‧精細動作‧雙手動作）

所謂的運動，就是要讓自己的身體按照心意來活動；想要靈活運動，則必須擁有好幾種能力才能做到。

首先是肌力。肌力並不單純只是肌肉的力量而已（像是可以拿起多重的物品），也包含了跳躍、用手重捶等爆發力。此外，能維持運動多長時間的持久力也很重要。

若是最基本的肌力不足，不僅身體會顯得軟趴趴的，動作舉止也會很不穩定。這樣的孩子在小時候大部分都不太願意爬行，這是因為讓身體穩定的力量較弱，無法以雙手與雙腳支撐身體，所以才會不願意練習爬行。最重要的就是要讓孩子發展出充足的肌力，才能牢牢支撐住身體。

◉ 控制運動的能力

光靠肌力與持久力，還是沒辦法讓身體依照自己的心意來活動。在運動時，也需要控制肌力的能力，讓身體只發揮需要的力量就好，我們稱之為協調運動，也就是讓手腳流暢活動的功能。若是協調運動功能較弱的

話，用雙手端盤子時便很容易傾斜翻倒、把牛奶倒進杯子裡時也容易一下子倒得太多。若是孩子的協調性不佳，在跳舞或做體操時就會難以同時舞動手腳，換衣服時沒辦法將雙手穿進衣服裡，投球也可能出現困難。

此外，掌握平衡感也很重要。雖然依靠前庭覺（請參考 P173）正確發揮功能也很重要，不過，像是在單腳站立時，就必須藉由控制調整肌力，讓身體確實保持筆直狀態，同時使站立的那隻腳維持穩定不搖晃。若是沒辦法掌握平衡感的話，爬樓梯就會爬得很慢，可能也會不太擅長踢球。

● 大動作與精細動作

會大略使用到全身的運動稱為大動作、只使用指尖的運動則稱之為精細動作。所謂的精細動作，指的是類似將線穿進針裡、用剪刀將線剪斷等動作，乍看之下會被當作是手指不靈巧。平常感覺比較笨手笨腳的孩子，大部分在精細動作方面也會出現問題。

不過，光是訓練手指有時候無法獲得改善。其實大動作與精細動作互有相關，大動作發展得好，也能連帶讓手指的能力獲得發揮。

因為身體的穩定度與指尖的動作有著非常密切的關聯，若是雙腳不穩定的話，無論是寫字或是畫線也容易歪歪斜斜。

對於精細動作這方面，確實加強能讓身體更穩定的運動能力也很重要。另外，想要發展手部能力，可以多讓孩子同時拿著紙與剪刀操作，或是一邊拿碗一邊使用筷子，這些會同時用到雙手的動作非常重要。

如上所述，運動必須要擁有許許多多的能力才做得到。雖然有些孩子的確在運動方面比較笨拙，但如果是跟同年齡的孩子相比，很顯然做得不好的話，說不定就是因為上述的某些能力出了問題所致。

☺ 營造出一個不斥責的環境 ....

　　孩子天生就是會調皮搗蛋，隨孩子頑皮的程度不同，有時候也會給大人造成困擾。例如：爬到桌子上玩、把重要的書本撕破、用簽字筆在牆壁上塗鴉、玩自來水等等，要舉例根本舉不完。

　　面對調皮搗蛋的孩子，大人即使警告過好幾次，也跟孩子好好講道理，甚至也處罰了，但孩子總是不會按照大人的要求來行動。這究竟是為什麼呢？孩子在調皮搗蛋時，總有數不完的原因，也許是這個行為本身很有趣、也可能是期待大人在當下的反應。

　　如果是覺得搗蛋的行為本身很有趣的話，首先必須要做的就是「整頓環境」。所謂的整頓環境，就是要把不希望孩子觸碰的物品都收起來，不希望孩子爬上爬下的東西，則必須花點心思改造成沒辦法攀爬的狀態，做好這些準備，才能營造出一個難以斥責孩子的環境。

☺ 孩子喜歡做的事就讓他做到滿意為止 ....

　　不過，要是什麼都不能做的話，也會讓孩子累積壓力。沒辦法盡情做自己喜歡的行為，會造成孩子無法靜下心來，甚至更無理取鬧。若地點與場合許可的話，可以決定好時間長度，讓孩子盡情做喜歡的事做到滿意為止。此時可以讓孩子做類似平常會讓大人頭痛的事。

　　舉例來說，平常喜歡爬到桌上的孩子，通常也會喜歡玩立體格子鐵架、盪鞦韆、溜滑梯、彈跳床等會刺激到前庭覺與深層感覺的遊戲，因此不妨讓孩子盡情玩這類遊戲。喜歡玩自來水的孩子，則可以讓他在游泳池或浴缸裡玩水玩個痛快，這麼一來孩子就不會想要玩自來水了。

　　不要只一味禁止、警告孩子，而是應該思考孩子為什麼會做出這樣的行為，該怎麼做才能減少做這些行為的頻率。首先請整頓好環境，並且在不會造成困擾的前提下，花點心思讓孩子可以盡情享受玩遊戲的感覺吧！

結　語

　　這本書從各種觀點詳加解說了孩子要順利玩遊戲所必須具備的能力。想要隨心所欲地運用身體與工具，一定要擁有支撐身體的力量與平衡感，以及各種感覺的發展，本書不僅解說了上述的感覺與功能，也介紹了許多在日常生活中可以輕鬆進行的遊戲。

　　為了讓孩子順利發展各種能力，有趣絕對是先決條件，尤其是遊戲一定要好玩才行。藉由開心地玩遊戲，孩子才能獲得成長中必備的各種能力。如果不好玩的話，即便孩子可以做得到，也很難讓孩子繼續挑戰，只會讓孩子留下不好的經驗，甚至還可能會對身旁的大人抱有不信任感，影響到將來的人際關係與社會化的發展也說不定。

　　此外，本書不只是針對運動與感覺而已，也以淺顯易懂的方式說明了執行功能相關知識。無論孩子的智力再怎麼高、再怎麼擅長運動，若是只做自己想做的事，以後出了社會也沒辦法過得很順遂。因此最重要的就是要幫助孩子發展執行功能，才能控制自己有效率地做事、並掌控自己的情緒與行為。藉由執行功能的發展，透過遊戲所學習到的各種能力，才能發揮在日常生活之中。

　　希望能透過這本書，包含從家庭、幼兒園、學校到社會等場所中所有與孩子相關的大人與輔助者，都能理解到孩童遊戲的重要性與意義。當我在寫這本書時，也受到了許多年輕職能治療師的幫助，讓我更了解到目前正在育兒中的父母身處於的環境與狀況，希望能為現在及未來打算育兒的父母，提供更有幫助的內容。

　　最後我要感謝日愛花（HIMEKA）、和果那（WAKANA）、実暖（MIHARU）的幫助，成為我在構思發展遊戲時的參考，我也非常期待今後你們的成長。

鴨下賢一

本書中介紹的方便工具

MAGFORMERS 介紹在 P123

由於是磁性積木，不需要崁合，因此就算是手指不靈巧的孩子也能輕鬆拼湊。

© 株式會社 BorneLund（TEL：03-5785-0860）

Magblock 介紹在 P123

由於磁鐵不會反彈，因此即便是不擅長控制力道的孩子，也能毫無壓力地拼湊積木。

© TK CREATE 株式會社（TEL：03-5485-1855）

《威利在哪裡》 介紹在 P124

作者．繪者／ Martin Handford

主題為尋找威利和夥伴們的尋寶遊戲繪本。讓孩子一邊開心地看繪本，一邊往各個角落注意威利在哪裡。

© 親子天下出版

《I Spy 視覺大發現》 介紹在 P124、P131

圖片／ Walter Wick、作者／ Jean Marcollo

這是一本從玩具箱裡找出各種物品的繪本，可以讓孩子練習正確地認識物品形狀。

© 接力出版社（簡體中文版）

安全剪刀 介紹在 P137

在握柄上附有省力彈簧的安全剪刀，即使是力氣較弱的孩子也很容易操作。

© KUTSUWA 株式會社（TEL：06-6745-5630）

【編著者介紹】

【編著】

鴨下賢一（Kamosita Kenichi）
株式會社兒童發展支援協會　復健發展支援室 KAMON 董事長職能治療師（特殊教育・輔具設計應用・進食吞嚥）
2019 年 3 月從服務了 27 年的靜岡縣立兒童醫院退休後，至今除了支援特殊教育學校的教育之外，也研發許多適合發展障礙兒童使用的輔具。著作有《発達が気になる子への読み書き指導ことはじめ》（暫譯：《為發展稍嫌緩慢的孩子設計的閱讀寫字指導方針》）、《発達が気になる子への生活動作の教え方》（暫譯：《為發展稍嫌緩慢的孩子設計的生活動作指導方式》）、《学校が楽しくなる！発達が気になる子へのソーシャルスキルの教え方》（暫譯：《讓學校變好玩！針對發展稍嫌緩慢的孩子所設計的社交技巧指導法》）等由中央法規出版的著作。

【著者】

池田千紗（Ikeda Chisa）
專攻北海道教育大學札幌分校特別支援教育・副教授、職能治療師
從 2010 年加入一視同仁會於札幌 SUGATA 醫院復健科進行發展障礙兒童的療育，2014 年取得博士學位（職能治療學）。對中小學的一般生、特殊生、通級指導教室、特殊學校進行教育支援，並培養特殊教育的教師。

小玉武志（Kodama Takeshi）
社會福祉法人恩賜財團　濟生會分會　北海道濟生會 MIDORI 之里　機能訓練室科長　經日本職能治療師協會認證的職能治療師
2006 年入職至今。2015 年取得博士學位（職能治療學），負責支援重度肢體障礙、智能障礙的兒童及大人，並協助外來的發展障礙兒童。以約聘講師的身分進行「發展障礙職能治療學」等講座。

高橋知義（Takahashi Tomonori）
Like Lab 股份有限公司　保育所訪問支援 Switch 管理者、職能治療師
2001 年進入社會福祉法人 KOGUMA 學園，除了擔任復健師之外，也身兼生活看護事業所與身心障礙人士職業訓練所的管理者。2015 年進入 Like Lab 股份有限公司，成立保育所訪問支援事業，目前透過訪問保育所與學校幫助孩子們。著有：《作業療法士が行う IT 活用支援》（《暫譯：職能治療師的活用 IT 支援法》）（医歯薬出版）

插圖：Itou Miki（ **1** 、 **2** ）、Shima（ **3** ）
排版：Shima
裝訂：椎原由美子

國家圖書館出版品預行編目 (CIP) 資料

圖解生活中的感覺統合遊戲：引導孩子大腦與
身體成長的 68 個趣味活動 / 鴨下賢一，池田
千紗，小玉武志，高橋知義著；林慧雯翻譯 . --
初版 . -- 臺北市：新手父母出版，城邦文化事
業股份有限公司出版：英屬蓋曼群島商家庭傳
媒股份有限公司城邦分公司發行 , 2022.1
　　面；　公分
ISBN 978-626-7008-07-2(平裝)

1. 育兒 2. 感覺統合訓練 3. 親子遊戲

428.6　　　　　　　　　　　　　　110017276

圖解 生活中的感覺統合遊戲
引導孩子大腦與身體成長的 68 個趣味活動

作　　　者	鴨下賢一 / 池田千紗 / 小玉武志 / 高橋知義
選　　　書	林小鈴
主　　　編	陳雯琪
譯　　　者	林慧雯

行 銷 經 理	王維君
業 務 經 理	羅越華
總 編 輯	林小鈴
發 行 人	何飛鵬
出　　　版	新手父母
	城邦文化事業股份有限公司
	台北市中山區民生東路二段 141 號 8 樓
	電話：(02) 2500-7008　傳真：(02) 2502-7676
	E-mail：bwp.service@cite.com.tw
發　　　行	英屬蓋曼群島商家庭傳媒股份有限公司城邦分公司
	台北市中山區民生東路二段 141 號 11 樓
	讀者服務專線：02-2500-7718；02-2500-7719
	24 小時傳真服務：02-2500-1900；02-2500-1991
	讀者服務信箱 E-mail：service@readingclub.com.tw
	劃撥帳號：19863813
	戶名：書虫股份有限公司

香 港 發 行 所	城邦（香港）出版集團有限公司
	香港灣仔駱克道 193 號東超商業中心 1F
	電話：(852) 2508-6231　傳真：(852) 2578-9337
	E-mail：hkcite@biznetvigator.com
馬 新 發 行 所	城邦（馬新）出版集團 Cite(M) Sdn. Bhd. (458372 U)
	11, Jalan 30D/146, Desa Tasik,
	Sungai Besi, 57000 Kuala Lumpur, Malaysia.
	電話：(603) 90563833　傳真：(603) 90562833

封面、版面設計、內頁排版 / 鍾如娟
製版印刷 / 卡樂彩色製版印刷有限公司

2022 年 1 月 11 日　初版 1 刷　　　　　　Printed in Taiwan
定價 460 元

ISBN 978-626-7008-07-2(平裝)　　有著作權‧翻印必究（缺頁或破損請寄回更換）